A2Z
30가지
궁금증에 대한
교양적 답변

자율주행

유병용 · 오영철 · 한지형 · 허명선 지음

Autonomous vehicle

홍릉과학출판사

저자

유병용 zealot@autoa2z.co.kr
한양대학교 (학사), POSTECH (석/박사)

오영철 ycoh@autoa2z.co.kr
한양대학교 (학사), KAIST (석사)

한지형 hjh@autoa2z.co.kr
한양대학교 (학사)

허명선 hms@autoa2z.co.kr
국민대학교 (학사/석사)

본 저서의 네 명의 저자들은 국내 자율주행 개발의 초창기 시절인 2010년부터 현대자동차에서 자율주행차 개발에 참여하였다. 2014년 서울모터쇼에서 최초로 교통혼잡구간 자율주행시스템 개발을 시작으로, 2016년 캘리포니아 주행시험장, 2017년 라스베가스 실도로에서 전 세계 기자단을 대상으로 국내의 자율주행 기술을 선보였다. 2018년 평창올림픽에서는 만남의 광장부터 대관령 톨게이트까지 총 190km 구간에서 운전자의 개입이 필요하지 않는 자율주행차를 개발하여 문재인 대통령 시승 및 기자단 시승을 진행하였다. 저자들은 자율주행 관련 100개 이상의 등록 특허를 보유하고 있으며, 현재 경일대학교 내 자율주행차융합기술연구소에서 교수로 재직중이다. 동시에 현대자동차 자율주행 연구원 출신으로 이루어진 국내 1호 스타트업 Autonomous a2z를 창업하여 국내 자율주행 기술의 저변 확대 및 기술 개발 완성도를 높이는데 주력하고 있다.

서문

자율주행이란 무엇입니까? 언제쯤 시장에 우리가 원하는 수준의 차량이 나올 수 있나요? 만약 사고가 나면 누구 책임입니까? 우리 나라 자율주행 수준은 어느 정도인가요? 등등 자율주행 관련된 질문을 요즘 수없이 듣고 있습니다. 자율주행과 관련된 공학도 및 연구자들 뿐만 아니라 가정주부, 중고등학생들까지도 매우 관심있게 질문을 합니다. 그러한 질문에 일일이 대답하다보니 이럴 바에는 자율주행 교양 서적을 하나 쓰는 게 좋겠다는 결심을 했습니다.

이 책은 자율주행에 대해서 누구나 쉽게 읽어볼 수 있도록 A부터 Z까지 자세하고 쉽게 쓰여져 있습니다. 꼭 처음부터 읽어보지 않아도 문제없습니다. 질문 리스트를 보고 본인이 궁금했던 사항을 찾아서 읽어보면 됩니다. 만약, 본 서적에 있는 질문 이외에 다른 궁금한 점이 있다면 저자 리스트에 있는 메일주소로 질문을 주시면 언제든지 답변 드리도록 하겠습니다. 자율주행 기술은 매일 수 십개의 뉴스가 기사로 소개될 만큼 하루하루 급변하고 있습니다. 따라서, 본 서적에서 최신 정보를 담았더라도 독자 분들이 읽을 때 즈음이면 이미 구식 정보가 되어있을 수도 있습니다. 따라서, 자율주행의 최신 동향보다는 실제 개발하면서 느꼈던 내용들과 원리를 위주로 책을 구성하였습니다.

이 서적의 저자 4명은 실제로 완성차 회사에서 자율주행을 10년 가까이 개발한 엔지니어들입니다. 각각 다른 분야를 전공했기에 다양한 시각에서 질문에 대한 답을 만들어나갈 수 있었습니다. 저희가 놀랐던 것은 이 책을 집필하는 시점에 국내에 자율주행 관련된 서적이 거의 없다는 사실이었습니다. 자율주행에서 가장 중요한 것은 안전인데 이 안전에서 빠질 수 없는 것이 바로 자율주행에 대한 이해와 교육입니다. 본 서적을 통해 자율주행에 대한 일반 시민들의 이해가 높아지길 바랍니다. 또한, 향후 자율주행 차량이 시장에 급속도로 진입했을 때에 본 서적이 사용자의 안전에 조금이나마 도움이 되길 바랍니다.

2018년 12월 7일
유병용

차례

0

자율주행은 언제부터 어떻게 개발되었나요?

자율주행 기술은 해외에서 2004년 DARPA(Defense Advanced Research Projects Agency) 그랜드 챌린지(Grand Challenge)라는 대회를 시작으로 본격적으로 개발되었습니다. 2004년 DARPA에서는 미국 대학과 연구기관에게 매우 이례적인 미션을 제시합니다. 바로 모하비 사막구간 240km를 사람이 타지 않은 상태에서 자율주행 차량 스스로 운전해서 주행하라는 것이었습니다. 이 대회명이 바로 Grand Challenge입니다. 여러 대학과 연구기관, OEM 등이 연합해서 도전했으나 카네기멜론 대학이 11km 주행 기록을 세운 것이 가장 좋은 기록이었습니다. 대부분의 대학 차량은 움직이지도 못했고 대부분 제대로 주행하지 못하였습니다. 이에 DARPA는 1년을 더 주고 2005년에 다시 같은 미션을 제시했습니다. 1년 만에 어떤 일이 벌어졌을까요? 무려 5개 대학의 차량이 완주하였으며 우승은 6시간 54분을 기록한 스탠포드대학의 Stanley 차량이었습니다. 폭스바겐(VW)과의 합작차량으로 이 프로젝트 리더였던 세바스찬 스룬은 단숨에 전세계적으로 유명한 자율주행 전문가가 되었습니다. 준우승은 카메기멜론대학의 Boss 차량이었습니다. GM과 합작한 차량이었습니다.

이후 2년 후 DARPA는 버려진 공군기지를 활용하여 도심 환경을 재현

합니다. 바로 DARPA Urban Challenge 대회를 위해서입니다. 무인차량들이 이번에는 도로 교통법규를 프로그래밍하여 도심로를 주행하도록 미션을 준 것입니다. 차량들은 스스로 교통신호를 이해하고 stop 사인이 있는 교차로에서는 먼저 온 차량이 지나갈 때까지 대기하고 있어야 합니다. 물론 다른 차량과의 충돌을 회피하는 기능도 필요합니다. 이 대회에서는 카네기멜론이 우승을 차지하고 스탠포드대학이 준우승을 차지하게 됩니다. 이후 스탠포드 차량 기술을 이끌었던 세바스천 스룬은 구글로 스카웃되어 구글차량을 2010년 세상에 선보이게 됩니다. 이후 차량 공유업체인 우버는 카메기멜론 연구진 40명을 한꺼번에 스카웃하여 빠른 시기에 자율주행 시스템을 만들어냅니다.

그림 0-1. DARPA GRAND CHALLENGE에서 우승한 스탠포드대 Stanley

출처: https://www.herox.com/crowdsourcing-news/159-the-drive-for-autonomous-vehicles-the-darpa-grand

그림 0-2. 스탠포드대에서 구글로 이적한 Sebastian thrun

출처: https://pando.com/2013/04/29/how-sebastian-thrun-plans-to-fix-computer-science/

그림 0-3. DARPA URBAN CHALLENGE에서 우승한 카네기멜론대 BOSS

출처: https://sites.google.com/site/driverlesscars1234/darpa-urban-challenge

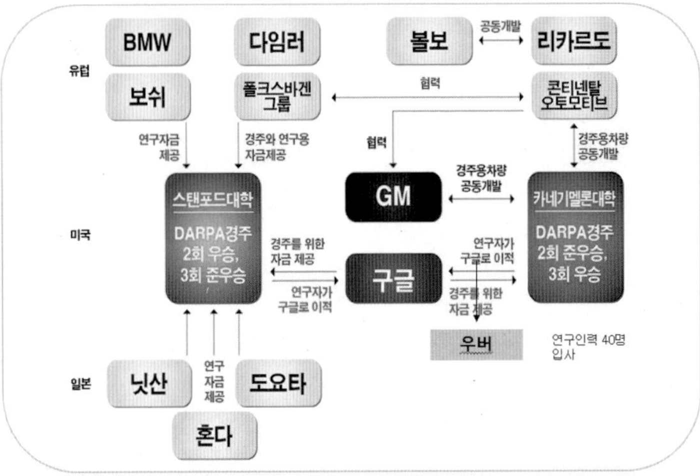

그림 0-4. 전세계적인 자율주행 협력 구도

출처: 미상(저자가 약간 수정하였음)

우리나라도 몇몇 대학에서 그 이전부터 개발은 시작되었으나 여러 대학에서 본격적으로 개발을 시작한 것은 2009년부터입니다. DARPA 대회처럼 국내에서도 2009년부터 현대기아자동차에서 자율주행 경진대회를 시작했기 때문입니다. 전국 11개 대학을 대상으로 차량과 개조비용을 지원하여 여러 대학에서 자율주행 개발 붐을 일으켰죠. 1회, 2회 대회 모두 한양대학교가 우승하면서 두각을 나타내었습니다. 이로인해 자율주행을 대학에서부터 연구한 학생들이 자동차 회사에 입사하여 자율주행 개발을 주도해 나가고 있습니다.

그림 0-5. 2010년 현대자동차그룹 자율주행자동차 경진대회(한양대 우승)

출처: 현대자동차그룹

그림 0-6. 2017년 현대자동차그룹 자율주행자동차 경진대회(계명대 우승)

출처: 현대자동차그룹

1 자율주행이란 무엇인가요?

자율주행이란 차량 스스로 주변 상황을 파악하고 차량을 운전하여 목적지까지 주행하는 것을 의미합니다. 영어 표현으로는 Autonomous Driving, Self Driving 등의 용어로 사용됩니다. 자율주행의 정의에서 가장 중요한 단어는 무엇일까요? 바로 '스스로'라는 단어입니다. 이 '스스로'라는 단어가 바로 Autonomous 또는 Self의 뜻을 가지고 있기 때문입니다. 우리가 택시를 탔는데 운전기사가 없다고 생각하면 쉽게 이해할 수 있을 것입니다. 그럼 택시 운전기사 대신 누가 운전을 하는 것일까요? 바로 차량이 직접 운전을 하는 것입니다. 당연히 운전기사를 대신할 수 있는 장치들이 차량에 존재해야겠죠?

운전을 하는데 어떠한 부분이 필요한지 생각해봅시다. 가장 먼저 생각나는 것이 바로 사람의 '눈(eye)'일 것입니다. 장님이 운전을 한다고 생각해봅시다. 바로 불가능하다고 여러분은 생각 하시겠죠? 내 차량이 도로에 있는지 또는 인도에 있는지 차선을 따라서 어떻게 주행하고 있는지 또한 주변에 횡단하는 보행자는 없는지 등을 모두 눈으로 보고 파악하기 때문입니다. 자율주행 차량은 사람의 '눈' 대신 주변 상황을 파악하기 위해서 카메라 센서를 장착합니다. 또한 더욱 정밀한 주변 상황 파악을 위해 다른 센서들도 추가로 사용합니다. 다른 센서들에 대해서는 나중에 자세하게 설명할 것입니다.

그림 1-1. 자율주행 차량의 시스템 구성도

출처: [기획보고서] 스마트 자율협력주행 도로시스템개발

두 번째로 운전에 필요한 것은 바로 '손(hand)'입니다. 손으로 조향 핸들을 조작해야지 차량의 방향을 조종할 수 있기 때문입니다. 고속도로에서는 약간씩만 조향 핸들을 조작하지만 도심로에서 U턴을 하기 위해서는 조향 핸들을 끝까지 돌리기도 합니다. 이처럼 자율주행 차량을 스스로 주행시키기 위해서는 조향 핸들을 누군가 대신 조작해야합니다. 자율주행 차량 영상을 보신분들은 운전석에 앉은 사람이 두 손을 핸들에서 떼었는데도 차량 스스로 조향 핸들을 조작하는 것을 보았을 것입니다. 이처럼 조향 핸들을 스스로 조작하기 위해서 모터의 도움을 받습니다. MDPS(Motor Driven Power Steering)라고 불리는 시스템이 바로 그것입니다. 예전 차들에 비해서 요즘 차량들은 조향 핸들 조작이 매우 부드

럽습니다. 그것은 바로 차량이 운전자의 왼쪽/오른쪽 조향하려는 의도를 파악하고 장착된 모터를 통해서 조향에 힘을 더해주기 때문입니다. MDPS를 사용하여 사람이 조향 핸들을 조작하지 않아도 차량 스스로 모터를 통해 정밀하게 핸들을 조작 가능한 것입니다.

세 번째로 운전에 필요한 것은 무엇일까요? 맞습니다. 바로 '발(foot)'입니다. 가속 페달과 브레이크 페달을 조작하기 위해서는 발이 꼭 필요합니다. 예전 수동 변속기가 장착된 자동차에서는 클러치 조작을 위해 양발이 모두 사용되었지만 요즘은 대부분 자동 변속기 차량이기 때문에 오른발만 사용합니다. 자율주행 차량은 사람의 '발'대신 가감속 페달을 조작하기 위해서 특별한 장치를 사용합니다. 가속을 위해서는 EMS(Engine Management System)을 사용하고, 감속을 위해서는 ESC(Electronic Stability Control)이라는 장치를 사용합니다. EMS는 엔진을 총괄하는 장치로서 이 장치에 가속 페달을 밟지 않아도 마치 페달을 밟은 것처럼 명령을 줄 수 있습니다. 결국 가솔린 차량이 가속하는 것은 엔진에 얼마나 많은 공기가 투입되느냐가 결정하기 때문에 가상으로 페달입력을 주어도 가속이 가능한 것입니다. 감속을 책임지는 ESC는 원래 차량의 갑작스러운 yaw 방향 움직임(차량을 공중에서 봤을 때의 시계/반시계 방향 움직임)을 제어하기 위해서 장착된 시스템입니다. 고속도로에서 빠른 속도로 차량이 주행하고 있다고 생각해봅시다. 앞서 가는 화물차에서 갑자기 화물이 도로에 떨어집니다. 그런데 운이 나쁘게도 그 화물이 내가 주행하고 있는 차로위에 멈춰있습니다. 운전자는 약 3초 정도 후면 자신의 차량이 그 화물과 충돌할 것을 예상하고 조향 핸들을 급격하게 좌측으로 돌립니다. 차량은 100kph가 넘는 속도에서 급작스러운 조향 명령에 반응하지만 차량은 횡방향 가속을 이기지 못하고 반시계 방향으로 빙글 돌아버

립니다. 생각만 해도 아찔한 상황이죠. ESC는 이러한 경우에 차량이 yaw 방향으로 돌아가지 않도록 차량 각 타이어에 부분적인 감속을 명령하여 차량의 자세를 안정화 하도록 도와줍니다. 즉, 사람이 브레이크 페달을 밟지 않아도 차량 스스롤 브레이크 명령을 준다는 것이죠. 따라서 ESC에 우리가 전자적으로 명령을 주면 사람이 브레이크 페달을 밟지 않아도 차량을 감속 시킬 수 있게 되는 것이죠.

여기까지 읽으신 분들은 이러한 의문이 드실것입니다. 그렇다면 방금 얘기한 MDPS, EMS, ECS 등이 없는 차량은 자율주행을 못하는 것입니까?

결론을 먼저 얘기하면 꼭 그렇지는 않습니다. 자동차 회사가 아닌 대학 등에서 자율주행 차량을 제작할 경우 MDPS, EMS, ECS 등이 장착된 차량이지만 해당 입력을 자동차 회사가 협조하여 열어주지 않으면 일반인은 사용이 불가능합니다. 따라서, 대학들에서는 따로 물리적으로 사람의 '손', '발'을 대신 할 수 있는 구동기(actuator)를 차량에 장착하기도 합니다. 바로 로봇의 손처럼 조향 핸들을 돌릴 수 있고 사람의 발처럼 가감속 페달을 조작 가능한 모터달린 구동장치를 추가로 달아서 만드는 것이죠. 그러나 이렇게 자율주행 차량을 만들면 사람이 운전할 때에는 구동장치를 떼어야 하는 번거로움이 있기 때문에 실제 자동차 회사에서 제작되는 자율주행차량은 모두 MDPS, EMS, ESC가 장착된 차량으로 생산될 것입니다.

그럼 이제 더 이상 필요한 것이 없을까요? 사람이 운전할 때에 '눈', '손', '발' 외에 더 사용하는 신체 부위가 없을까요? 더 이상 없는 것처럼 느껴질 수도 있겠습니다. 그러나 가장 중요한 부위가 하나 빠졌습니다. 바로 '두뇌'입니다. '눈'으로 본 데이터들을 처리하고 상황을 파악해서 조향 핸들과 가감속 페달을 올바로 조작하도록 명령을 내리는 가장 중요한 부위가 바로 '두뇌'인 것입니다. '두뇌'가 없다면 아무리 좋은 '눈'을 가지고 있어도 아무런 소용이 없을 것입니다. 컴퓨터에서도 CPU가 좋을수록 많은 일을 하고 빠르게 일 할 수 있는 것처럼 인간의 '두뇌'도 운전에 있어서 가장 중요한 신체 부위입니다. 자율주행 차량의 '두뇌' 역할은 어디서 할까요? 자율주행 차량도 이러한 '두뇌' 역할을 수행하기 위해서 컴퓨터를 사용합니다. 이미 언급했던 MDPS, EMS, ESC 등도 모두 각자의 조그마한 차량용 컴퓨터를 사용합니다. 이러한 차량용 컴퓨터를 통칭하여 ECU(Electronic Computing Unit)이라고 합니다. 자율주행은 물론 처리해야 할 것이 매우 많기 때문에 고성능의 ECU가 필요합니다. 요즘 인텔(intel), NVIDIA 등에서 자율주행 차량에 많은 투자를 하고 활발히 연구하는 이유가 바로 여기에 있습니다. 이 회사들은 고성능 컴퓨터 CPU에 대한 원천 기술을 가지고 있기 때문입니다.

이처럼 사람을 대신하여 운전해주는 자동차라니 멋지지 않나요? 물론 운전을 좋아하는 사람도 많겠지만 대부분의 사람들은 운전을 피곤하고 위험하다고 생각합니다. 자주하는 인사말 중에 운전 조심하라는 말이 있기도 하죠. 필자 또한 뻥 뚫린 고속도로에서는 운전해도 피곤함을 크게 느끼지 못하지만 꽉 막힌 도심로에서 운전하면 금새 피곤함을 느낍니다. 명절 때 고속도로에 주차장처럼 막혀있는 차량을 운전해보면 금방 누군가 대신 운전해주면 좋겠다는 생각이 듭니다. 운전 면허증은 취득했지만 장롱에 깊숙이 넣어둔 분들, 나이가 너무 많이 들어 운전이 어려운 노인분들, 신체에 장애가 있어서 거동이 힘든 장애인분들 모두 자율주행 차량이 상용화 된다면 크게 기뻐할 것입니다. 자율주행 시대가 오면 우리 생활이 어떻게 바뀌게 될지는 다른 질문에서 자세하게 얘기해보기로 하죠.

그림 1-2. 자율주행 차량 시연 모습

출처: 현대자동차그룹

2

자율주행, 믿을 수 있는 기술인가요?

대부분의 교통사고 통계에 따르면, 사고의 90% 정도는 운전자의 부주의에 의해 발생한다고 합니다. 즉, 사람이 전방 주시를 하지 않거나 과속 또는 상황을 잘못 판단하여 사고가 발생한다는 것입니다. 기계적인 차량 결함이나 그 외적인 이유로 발생하는 교통사고는 10% 이내라는 것이죠. 이 통계가 의미하는 바는 자율주행 차량이 운전을 한다면, 즉, 전세계의 모든 차량이 자율주행 차량으로 바뀐다면 90%의 교통사고가 발생하지 않을것이라고 전망할 수 있습니다. 교통사고 발생 비율이 현재보다 90%가 줄어든다면 그것은 어떠한 의사나 의약품보다 사람들을 많이 살릴 수 있게 되는 것이라 말할 수 있겠죠? 따라서, 자율주행 차량 개발은 교통사고 감소를 위해서도 꼭 필요한 것입니다. 물론, 전세계 자동차가 자율주행 차량으로 바뀌려면 엄청난 시간과 비용이 필요하겠죠. 그러나 부분적으로만 자율주행 차량이 운행되더라도 교통사고는 현재보다 많이 줄어들게 될 것입니다.

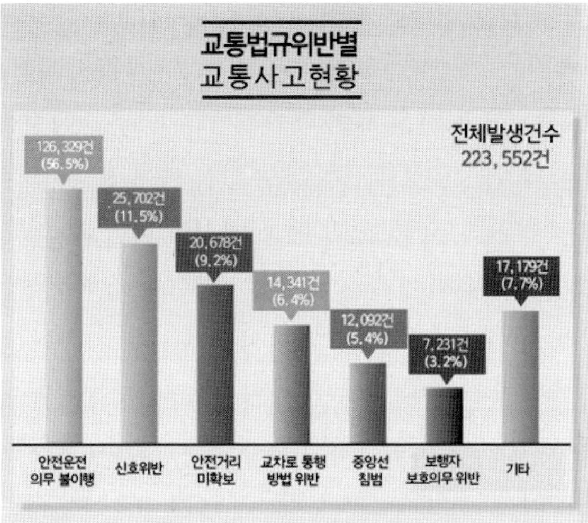

그림 2-1. 교통사고 현황 통계

출처: http://www.christiantoday.co.kr/news/286913

컴퓨터는 0과 1만 사용한다는 얘기는 들어보셨을 것입니다. 전기 신호가 인가 되었다 아니다 두 가지 신호를 구분하기 때문에 0과 1입니다. 즉, 컴퓨터는 인간보다 훨씬 단순하게 사고하고 처리합니다. 그런데 어떻게 수 많은 일들을 할 수 있을까요? 그것은 바로 0과 1을 가지고 처리하는 이 단순한 일들을 인간보다 매우 빠르게 처리하기 때문입니다. 얼마나 빨리 처리하느냐구요 ? 예를 들면, 제가 지금 원고를 작성하고 있는 노트북의 CPU 사양은 Intel Core i3 버전으로 2.4GHz입니다. Hz란 1초에 몇 번 신호가 발생하느냐를 의미합니다. 따라서, 1초에 2,400,000,000번(24억 번) 0과 1 신호를 처리하게 됩니다. 사람이 눈으로 보고 머리로 생각하여 손과 발을 사용하여 차량을 제어하는 것을 컴퓨터는 더 빨리 더 많이 0과 1을 가지고 처리하는 것이죠. 그렇기 때문에 사람이 보고 판단하는 것 보다 더 빨리 많은 것을 처리할 수 있습니다. 즉, 사람의 인지 능력과 판단 능력보다 컴퓨터가 더 믿을 만 하다는 것입니다. 다만, 이것은 정상적으로 인지하고 판단할 수 있을 때의 얘기입니다. 너무 어두운 밤길이나 역광이 심해서 카메라가 제대로 인식할 수 없을 때에는 오히려 인간의 인지나 판단 능력보다 못할 수도 있기 때문입니다. 최근 자율주행을 연구하는 많은 엔지니어들은 이러한 극한의 상황에서도 자율주행 차량이 정상적으로 동작할 수 있도록 많은 연구를 하고 있습니다. Ford 사에서 눈이 많이 오는 지역에서 시험을 하는 것도 이러한 경우에 대비하기 위함입니다. 폭설로 차선이 보이지 않을 경우에도 차량이 라이다(Lidar)라는 센서에 의지해서 무리 없이 자율주행을 성공할 수 있음을 보여주어 언론의 관심을 받은 적이 있습니다.

그림 2-2. 폭설 환경에서의 포드 자율주행 차량 테스트 모습

출처: https://www.youtube.com/watch?v=vShi-xx6ze8

자율주행은 기술의 성숙 정도에 따라서 0~5레벨로 나눌 수 있습니다. NHTSA(National Highway Traffic Safety Administration)라는 미국 도로교통 안전국에서도 레벨을 나누었지만 가장 많이 사용하는 기준이 SAE(Society of Automotive Engineers)에서 정의한 레벨입니다. SAE는 국제 자동차 엔지니어 연합으로 통칭되는 세계 최대의 조직입니다. 일반적으로 사람이 모든 것을 조작하는 단계가 0단계입니다. 0단계(no automation)는 어떠한 자율주행 기능도 없는 것을 의미합니다. 1단계(driver assistance)는 ADAS라 불리는 첨단 운전자 보조 시스템이 개별 장착된 차량을 의미합니다. 차량이 차선을 벗어나려하면 경고해주는 LDWS(Lane Departure Warning System) 라던지 앞차와의 간격을 자동으로 유지해주는 SCC(Smart Cruise Control)등이 있습니다. 이러한 기능들은 조향 핸들이나 가감속 페달 조작을 일시적으로 자동으로 작동해주는 역할을 합니다.

2단계(partial automation)은 1단계에 장착된 기능들이 합쳐진 것을 의미합니다. 즉, 1단계에서는 잠시 가속 페달을 밟지 않아도 차량 주행에 문제가 없었다면 2단계 기능부터는 조향 핸들과 가속 페달을 밟지 않아도 되는 기능들이 추가되는 것입니다. 제네시스 차량에 장착된 HDA(Highway Driving Assist) 기능이 예가 될 것입니다. 이 HDA 기능은 차량이 고속도로 본선에서 주행하면 활성화 됩니다. 버튼을 누르면 해당 차로를 유지하는 동안 조향과 가감속 페달 조작을 모두 자동으로 해줍니다. 단, 현재 기능은 보조 기능이기 때문에 약 30초 정도 핸들에서 손을 떼고 있으면 다시 핸들을 잡으라고 경고음이 울리다가 그래도 잡지 않으면 기능이 종료됩니다.

2단계까지는 사람이 주변 환경을 인지하고 운전의 주체가 되었다면 3

단계부터는 시스템이 운전의 주체가 됩니다. 즉, 일반적으로 자율주행 기능이라고 하면 3단계부터 얘기합니다. 3단계(conditional automation)는 시스템이 대부분의 역할을 하게 됩니다. 그러나 모든 환경에서 자율주행을 할 수 있는 것은 아닙니다. 예를 들어, 공사중인 도로나 너무 복잡한 상황에서는 자율주행 차량이 운전을 할 수 없게 되는 것입니다. 또한, 차량에 장착된 센서의 한계로 인해 인지하지 못하는 경우가 있을 수 있기에 운전자는 직접 운전을 하지 않더라도 항상 전방을 주시해야 합니다. 시스템이 자동으로 운전하지 못하는 상황이 발생하면 사람이 제어권을 받아서 대신 운전을 해야 하기 때문입니다. 자율주행 차량과 사람이 제어권을 주고 받는 것을 제어권 천이(Take-Over)라 하는데 자율주행 레벨 3에서는 이것이 아주 중요한 이슈가 됩니다. 즉, 3단계는 차량이 자동으로 운전을 하지만 매우 한정적인 상황에서만 자율주행을 할 수 있다고 생각해야 합니다. 따라서, 사람은 언제든지 운전에 개입할 준비를 해야 하는 것입니다. 생각해보면 사람이 운전을 하지 않지만 전방을 계속 주시해야 하고 문제가 발생할 때에는 재빨리 본인이 운전해야 한다면 그게 무슨 자율주행이야? 라고 생각할 수도 있습니다. 그래서 일부 자율주행을 연구하는 사람중에는 레벨3 자율주행 시대는 오지 않을거라 생각하는 사람도 있으며 일본 자동차 기업중에는 레벨3 차량은 연구하지 않고 있는 곳도 있습니다.

레벨4(high automation)은 운전자의 전방 주시 의무가 없어지는 레벨입니다. 즉, 레벨4부터 진정으로 자율주행이라는 이름에 걸맞는 기술이라고 볼 수 있죠. 사람은 운전하지 않고 잠을 자도 되고 어떠한 일을 하든 자유입니다. 거의 모든 상황에 대해서 차량은 스스로 판단하고 주행합니다. 비록, 예외적으로 주행이 불가능한 상황이 닥치더라도 차량은 안전하게 차량을 정차하던지 적당한 조치를 할 것입니다. 레벨4에서는 운전자가 제어권 천이를 할 필요가 없기 때문입니다.

레벨5(full automation)은 주행이 불가능한 상황이 없는 완벽한 자율주행 기술을 의미합니다. 모든 연구자들이 궁극적으로 추구하는 레벨이죠. 레벨 4와 5의 차이는 자율주행이 가능한 범위의 차이로 생각하면 될 것입니다. 즉, 레벨4단계는 ODD(Operational Design Domain)이라 불리는 주행 가능 영역이 고속도로 등으로 정해져 있는 것이고, 레벨5단계는 ODD가 모든 곳이 되는 것입니다.

레벨 3 다음이 레벨4 이지만 이 두 레벨 사이에는 엄청난 격차가 있습니다. 인터넷 용어로 넘사벽(넘을수 없는 사차원의 벽)이란 말이 있는데 바로 레벨3과 레벨4 사이에 넘사벽이 있다는 것입니다. 쉽게 얘기해서 레벨3은 내가 운전을 잘 해볼게 그런데 안되면 어쩔 수 없고 네가 도와줘야해. 그러니까 너는 딴짓하지 말고 전방과 주변 상황을 잘 보고 있어. 이러한 마인드입니다. 레벨4는 어떠한 상황이든(ODD 안에서는) 내가 운전할테니 너는 걱정말고 좀 쉬어. 잠을 자도 좋고. 사고가 나면 내가 책임질테니. 이러한 마인드입니다. 매우 큰 차이죠? 일반적으로 사람들이 생각하는 자율주행은 레벨4,5입니다. 그러나 현재 시장에 나오고 있는 자율주행이란 이름의 기능들은 레벨 2~3 사이입니다. 따라서, 이러한 레벨의 의미를 잘 파악하고 있어야 합니다. 테슬라 오토파일럿(autopilot) 기능을 사용하다가 사망한 사람도 실제 자신이 사용한 기술의 레벨을 혼동했기에 사고를 피할 수 없었습니다. 이 문제는 다른 질문에서 자세하게 다뤄보도록 하겠습니다.

요약하자면, 이번 질문 자율주행 기술, 믿을 수 있나요?에 대한 답변은 그렇습니다 입니다. 다만, 해당 기술이 레벨 몇단계에 해당하는지 확인하고 사용하다면 이란 단서가 붙습니다. 레벨에 따라서 운전자가 어떠한 행동을 해도 되는지 안되는지가 명확하기 때문입니다.

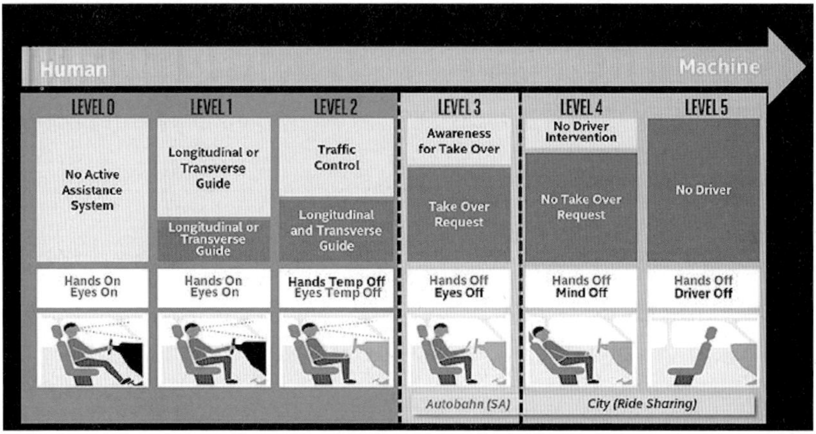

그림 2-3. 자율주행 레벨 별 설명

출처: https://medium.com/venture-capital-think-tank/in-recent-years-autonomous-vehicles-have-become-a-hot-topic-for-investors-worldwide-d5dcd2045a76

SAE level	Name	Narrative Definition	Execution of Steering and Acceleration/ Deceleration	*Monitoring* of Driving Environment	Fallback Performance of *Dynamic Driving Task*	System Capability *(Driving Modes)*
***Human driver* monitors the driving environment**						
0	No Automation	the full-time performance by the *human driver* of all aspects of the *dynamic driving task*, even when enhanced by warning or intervention systems	Human driver	Human driver	Human driver	n/a
1	Driver Assistance	the *driving mode*-specific execution by a driver assistance system of either steering or acceleration/deceleration using information about the driving environment and with the expectation that the *human driver* perform all remaining aspects of the *dynamic driving task*	Human driver and system	Human driver	Human driver	Some driving modes
2	Partial Automation	the *driving mode*-specific execution by one or more driver assistance systems of both steering and acceleration/deceleration using information about the driving environment and with the expectation that the *human driver* perform all remaining aspects of the *dynamic driving task*	**System**	Human driver	Human driver	Some driving modes
***Automated driving system* ("system") monitors the driving environment**						
3	Conditional Automation	the *driving mode*-specific performance by an *automated driving system* of all aspects of the dynamic driving task with the expectation that the *human driver* will respond appropriately to a *request to intervene*	System	**System**	Human driver	Some driving modes
4	High Automation	the *driving mode*-specific performance by an automated driving system of all aspects of the *dynamic driving task*, even if a *human driver* does not respond appropriately to a *request to intervene*	System	System	**System**	Some driving modes
5	Full Automation	the full-time performance by an *automated driving system* of all aspects of the *dynamic driving task* under all roadway and environmental conditions that can be managed by a *human driver*	System	System	System	**All driving modes**

그림 2-4. SAE 기준에 의한 자율주행 레벨 별 상세 설명

출처: https://teslamotorsclub.com/tmc/threads/four-upcoming-self-driving-level-3-cars-by-2019.90930/

미국 자동차공학회(SAE)의 자율주행 단계

단계	내용		관련 주요 첨단 사양 및 시스템	해당 주요 업체 (추정)
0단계	자동화 없음	운전자가 차량을 완전히 제어해야만 하는 단계	–	–
1단계	운전자 보조	조향, 가감속 등을 자동화해 운전자가 도움 받는 수준	정속주행장치 (ACC)	–
2단계	부분 자율주행	고속도로 주행 시 차량·차선 인식, 앞차와 간격 유지 가능, 운전자가 주변상황 주시	스마트 크루즈 컨트롤(ASCC), 조행 조향보조 시스템(LKAS) 등을 결합한 형태	바이두
3단계	조건적 자율주행	일정구간 자율주행 가능, 운전자가 주변상황 주시해 돌발상황 대비	첨단운전자보조 시스템(ADAS)	테슬라, GM, BMW, 포드, 폭스바겐, 볼보
4단계	고도화된 자율주행	특정 도로조건에서 모든 안전 제어 가능	라이다(Lidar) 시스템	현대차, 벤츠, 도요타
5단계	완전 자율주행	운전자 개입없이 목적지까지 주차 등 모든 기능이 완전 자동화된 단계. 운전자 없어도 됨	커넥티드 시스템	구글, 애플 (특정 구간만 성공)

그림 2-5. SAE 기준에 의한 자율주행 레벨 별 상세 설명(한글버전)

출처: http://m.fnnews.com/news/201611201721225605

3 사고 발생 시 누구의 책임인가요?

자율주행 차량을 개발하는 가장 중요한 이유는 교통사고를 획기적으로 감소시키는데 있습니다. 특히, 사망사고를 줄인다면 엄청난 생명을 매해 살릴 수 있을 것입니다. 보험회사들의 통계를 보면 교통사고의 90% 이상이 운전자 과실 때문이라고 합니다. 따라서, 사람이 운전하는 것을 자동차가 스스로 판단하여 제어한다면 90%에 해당하는 사고를 크게 감소시킬 수 있을 것이라는 생각입니다. 그러나 사람만큼은 아니겠지만 자율주행 자동차도 분명 사고를 발생시킬 수 있습니다. 그렇다면 사고 발생 시, 과연 누구의 책임일까요? 자동차 스스로 운전을 하다가 사고가 발생했지만 차에 타고 있던 사람의 책임일까요? 아니면 전적으로 자율주행 자동차 제조사의 책임일까요? 그것도 아니면 우리가 사고나면 보험사가 보장을 해주는 것처럼 자율주행 차량 보험을 들어준 보험사 책임일까요?

생각할수록 매우 복잡하고 민감한 문제입니다. 향후 전세계적으로 자율주행 차량이 상용화 되기 위해서는 꼭 풀어야 할 사항이라는 것이죠. 사고시에 누구도 책임지려 하지 않는다면 자율주행 차량은 누구도 구매하지 않을 것이기 때문입니다. 이것은 앞에서 언급한 자율주행차량의 레벨과 관계가 있습니다. 아니 단순히 관계가 있는 정도가 아닙니다. 사고가 발생한 자율주행 차량의 레벨이 몇 레벨이냐에 따라서 차량의 책임이 되기도 하고 운전자의 책임이 되기도 하니까요.

2016년 5월 미국 고속도로에서 자율주행 차량을 타고 가던 운전자가 사망하는 사건이 발생했습니다. 고인이 되신 이분은 평소에 테슬라 autopilot을 매우 좋아하고 자주 사용했던 것으로 알려져 있습니다. 자신의 블로그에 자율주행 기능을 사용하면서 본인이 핸들에서 손을 뗀 사진들을 올리는 등 매우 적극적으로 autopilot 기능을 사용했습니다. 그러나 사망한 당일에는 고속도로 교차로 좌측에서 진입하는 흰색 트럭과 충돌하여 테슬라 운전자는 그 자리에서 사망하게 됩니다. NHTSA 등의 기관이 누구의 책임인지를 가리기 위해서 여러 전문가들과 함께 오랜 시간동안 사고에 대해 분석을 하였습니다. 자율주행 기능을 사용하다가 사람이 사망한 전세계 첫 사고였기에 언론과 일반인들도 매우 관심이 많았던 사건이었죠.

결과는 운전자의 과실로 결론이 내려졌습니다. 테슬라 자율주행 차량은 좌측에서 오는 트럭을 인지하여 감속명령을 내렸으나 트럭과의 거리가 너무 가까워서 사고가 불가피했다는 것입니다. 또한 테슬라의 autopilot은 자율주행 레벨 2~3사이에 해당하는 기능으로서, 운전자는 항상 전방 주시 의무가 있으며 돌발상황 발생 시, 언제든지 차량 제어권을 이양하여 수동으로 운전해야 한다는 매뉴얼의 주의사항이 있다는 것이었습니다. 문제는 바로 여기에 있습니다. 제조사에서 홍보하는 자율주행 레벨과 실제 기능 레벨 차이에 큰 간극이 있다는 것입니다. 예를 들면, 카메라가 달린 스마트폰을 샀는데 그 스마트폰의 카메라가 스마트폰 전면부에만 달려있어서 셀카밖에 못찍는 것이었습니다. 실제로 이 스마트폰은 주변 풍경을 멋지게 찍는것처럼 홍보를 한것이구요. 테슬라의 autopilot

도 실제 센서 구성을 보면 전방 물체를 인식하기 위한 레이더와 카메라가 각각 1개씩 장착되어 있습니다. 이 1개씩으로는 전방의 30~40도 정도만 볼 수 있습니다. 경마 시합에서 경주마가 바로 앞만 보면서 달릴 수 있도록 눈에 가리개를 장착하는 것과 마찬가지입니다. 즉, 사고가 발생하기 이전에 좌측에서 진입하는 트럭을 볼 수 있는 센서 자체가 없었다는 것이죠. 전방 시야각이 좁은 카메라와 레이더 센서로 트럭을 인지했을 때는 이미 너무 가까워져서 사고를 피할 수 없는 상태였던 것입니다. 사고 이후 테슬라측은 전방 360도를 모두 커버하는 enhanced autopilot 구성을 제안합니다. 카메라 8개를 사용하는 새로운 시스템 구성이죠. 기존 테슬라 차량에 이렇게 많은 카메라가 있었다면 사망 사건도 예방 가능했을 것입니다.

그림 3-1. 테슬라 오토파일럿 기능

출처: http://thegear.co.kr/13643

그림 3-2. 테슬라 오토파일럿 레벨에 대한 제조사와 사용자의 인식 차이

출처: 저자 편집 및 수정

그림 3-3. 테슬라 오토파일럿 세계 첫 번째 사망사고 개요

출처: http://premium.chosun.com/site/data/html_dir/2016/07/13/2016071300768.html?Dep0=twitter

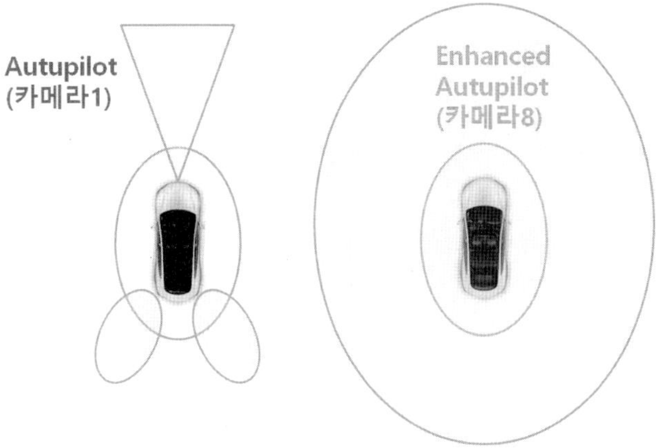

그림 3-4. 테슬라 오토파일럿 센서 구성(좌: 구버전, 우: 향후 버전)

출처: 저자 편집 및 수정

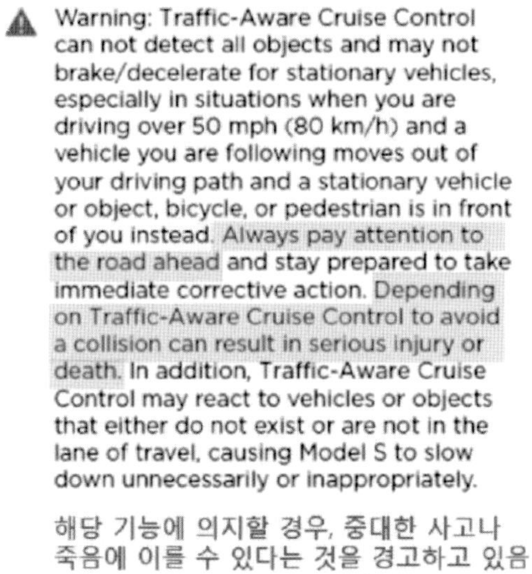
Warning: Traffic-Aware Cruise Control can not detect all objects and may not brake/decelerate for stationary vehicles, especially in situations when you are driving over 50 mph (80 km/h) and a vehicle you are following moves out of your driving path and a stationary vehicle or object, bicycle, or pedestrian is in front of you instead. Always pay attention to the road ahead and stay prepared to take immediate corrective action. Depending on Traffic-Aware Cruise Control to avoid a collision can result in serious injury or death. In addition, Traffic-Aware Cruise Control may react to vehicles or objects that either do not exist or are not in the lane of travel, causing Model S to slow down unnecessarily or inappropriately.

해당 기능에 의지할 경우, 중대한 사고나 죽음에 이를 수 있다는 것을 경고하고 있음

그림 3-5. 테슬라 오토파일럿 매뉴얼 중 일부 내용

출처: 테슬라 오토파일럿 사용자 매뉴얼 중 발췌

자율주행 레벨을 다시 생각해보면 레벨3까지는 운전자의 전방 주시 의무가 있기 때문에 시스템 fail 시 운전자에게 과실이 있습니다. 그러나 레벨4부터는 시스템이 모든 환경에서 작동해야 하기 때문에 운전자에게는 과실이 없게 됩니다. 따라서, 앞으로 양산 될 자율주행 기능이 SAE 기준으로 레벨 몇 단계에 해당하는지 잘 따져보고 사용해야 할 것입니다. 레벨3 이하에서는 절대 전방에서 눈을 떼거나 장시간 다른 행동을 하면 안 됩니다. 자율주행 시스템이 언제 fail 상태로 변경될지 모르기 때문입니다. 운전자는 언제든 차량 제어권을 받아서 수동으로 운전할 준비를 하고 있어야합니다. 레벨4가 되면 비로소 차량 안에서 자유롭게 활동할 수 있는 것입니다.

대부분의 사람들이 자율주행이라하면 레벨4 이상을 생각하고 있기 때문에 제조사들과 자율주행 전문가들은 현재 양산되는 시스템 및 향후 양산될 시스템의 정확한 레벨을 평가하고 검증해야 할 것입니다. 그래서 레벨3 이하의 시스템은 운전자들이 주의사항을 교육받고 동의한 후 이용할 수 있도록 법제정이 필요할 것으로 생각됩니다. 최근 상품으로 나오는 자율주행 기능들의 이름이 '반자율주행 시스템'이라고 나오면서 레벨에 대한 구체적인 표시나 제한 사항들을 매뉴얼에만 조그맣게 표시하고 있는 것은 분명 문제라고 생각합니다. 적어도 소비자들도 자율주행 기능은 사용전에 매뉴얼의 제약 사항을 명확히 확인하고 사용해야 합니다. 적어도 내가 사용하는 시스템이 언제 작동이 불가능한지 알아야 제어권 천이 준비를 할 것이기 때문입니다. 이 내용은 너무나 중요하기 때문에 필자가 꼭 언급하고 싶었던 내용입니다.

4

옵션 금액은 얼마인가요?

여러분은 자율주행 차량의 옵션 가격으로 어느정도의 금액을 지불할 의사가 있나요? 최근 시장에서 양산되고 있는 여러 첨단운전자보조 시스템의 가격을 보면 옵션가로 200~300만 원 선입니다. 물론 한가지 기능만 있는 것은 아니며 패키지로 3~4개 기능을 묶어서 판매하고 있습니다. 여러 ADAS 기능들이 동일한 센서 구성을 필요로 하기 때문입니다. 예를 들면 전방 차량과 자동으로 차간거리를 유지해주는 SCC(Smart Cruise Control)은 레이더(Radar)라는 센서가 필요합니다. 최근 들어 40KPH 이하로 달릴 때 전방에 보행자나 차량이 있는 경우 경고 후 운전자가 제동하지 않으면 자동으로 차량을 정지시켜주는 AEB(Autonmous Emergency Brake) 기능도 레이더와 카메라 센서를 사용합니다. 그러나 자율주행 차량은 단일 센서로는 동작이 불가능하고 매우 다양한 다수의 센서를 필요로 합니다.

테슬라의 autopilot은 이전 버전에서도 카메라, 레이더, 초음파 센서를 여러 개 사용했으나, 곧 출시될 신규 버전에서는 기존 카메라 1개에서 8개로 센서 개수를 확장한다고 밝혔습니다. 더 많은 기능과 더 안전한 인지를 위해서는 많은 센서의 중복 사용이 필요하다는 것이 증명된 것이죠. 따라서, 신규 기능은 이전 기능보다 훨씬 비싸게 판매될 것이라고 예측됩니다. 이전 기능은 약3000 달러에 판매되었습니다. 해외 유명 컨설팅 회사에서 일반인들에게 조사한 결과 많은 사람들이 레벨4 이상의 완전 자율주행 기능이 출시된다면 5백만 원 이하의 가격이라면 구매하겠다는 의사를 밝혔다는 통계 조사도 있습니다. 따라서, 각 완성차 제조사들은 대략 소비자의 심리 마지노선인 500만 원 정도의 옵션가 책정을 위해 연구개발을 진행하고 있습니다.

그러나 바로 여기에 큰 문제가 있다고 생각을 합니다. 만약 제조사들이 500만 원 이하로 자율주행 기능을 출시한다면 어떤 문제가 있을까요? 일단, 제조사들은 성능은 좋지만 값비싼 센서의 사용을 최소화 할 가능성이 높습니다. 자율주행을 위한 센서중에 라이다라는 중요한 센서가 있습니다. 이 라이다 센서는 빛을 광원으로 사용하여 매우 정밀한 주변 환경 정보를 point 데이터로 제공합니다. 따라서, 주변의 차량, 보행자 등의 정보를 매우 정밀하게 제공가능하기에 대부분의 자동차 OEM(자동차 제조회사)에서 자율주행에 사용하고 있습니다. 그러나 라이다 센서의 가격이 매우 높아서 여러 대를 차량에 장착할 경우 옵션 가격이 매우 높아질 가능성이 있습니다. 따라서, 라이다 센서를 전방에 1개 정도만 장착하고 전측방, 측방, 측후방에는 레이더나 카메라 또는 장거리 초음파 센서를 사용할 가능성이 높아 보입니다. 레이더 센서란 이미 양산된 센서로서 라이다처럼 정밀한 point 정보를 제공하지는 못하지만 이동 물체의 속도를 비교적 정확하게 인지할 수 있는 장점이 있으며 센서 가격이 저렴하여 양산에 적합한 센서입니다. 초음파 센서는 현재 차량들에 여러개가 장착되어 있으며 차량이 후방 주행 중 장애물을 감지한 경우 '삐~삐~' 소리로 경고하는 것이 바로 초음파 센서가 제공하는 기능입니다. 주로 근접한 장애물 감지용으로 사용됩니다. 물론, 저렴한 센서를 사용하여 레벨4 이상의 완전 자율주행 기능을 수준 높게 완성한다면 그보다 좋은 것이 없겠으나 비용 때문에 성능이 떨어지거나 불완전한 센서 구성으로 출시되지는 않을지에 대한 걱정이 앞서는 것이 사실입니다. 테슬라 autopilot 기능도 불완전한 센서 구성으로 소중한 목숨을 잃는 사태가 발생했기 때문이죠.

요약하자면, 자율주행 기능은 500만 원 정도의 금액으로 출시될 가능성이 높습니다. 그러나, 그것은 센서의 대량 생산으로 인한 가격 하락이 제조사의 예측과 비슷할 때의 얘기이며 고성능 라이다 센서의 가격이 생각보다 떨어지지 않는다면 옵션가는 더 높아지거나 출시 예정일이 늦춰질 것입니다. 다르게 생각해보면 같은 레벨4 자율주행 기능이라도 고속도로 전용은 350만 원, 고속도로 + 도심도로 가능 옵션은 600만 원 등으로 센서구성을 차별화 한 상품 제공도 가능하리라 생각 됩니다. 필자가 자율주행 기능을 구매한다면 1000만 원을 제공해서라도 충분히 안전하게 여러 센서를 장착한 차량을 구매 할 것입니다. 필자의 경험에 의하면 자율주행 기능 구현에서도 한가지 물체를 여러 센서로 중복해서 인지하는 것이 최고로 중요한 사항이기 때문입니다. 안전은 자율주행을 개발하는 최우선 사항이기도 하지만 자율주행 기능 자체도 일단 안전해야 하기 때문입니다. 실제로 테슬라에서 2017년 모델S에 자율주행 기능을 추가하기 위해서는 향상된 오토파일럿 항목과 완벽한 자율주행 기능을 위해 전체 1000만 원 넘는 금액을 지불해야 합니다.

차량 구성내역	가격 (KRW)
Model S 90D	₩121,000,000
AWD	포함
Pearl White Multi-Coat Paint	₩1,981,000
글래스 루프	₩1,981,000
19인치 실버 사이클론 휠	₩3,302,000
Tan	₩4,359,000
Tan 가죽 시트	포함
나뭇결 무늬 애쉬 우드 데코	포함
이동식 분리대가 있는 중앙 콘솔	포함
White 알칸타라 헤드라이너	포함
High Power Charger 업그레이드	₩1,981,000
향상된 오토파일럿	₩6,604,000
완벽한 자율 주행 기능	₩3,963,000
프리미엄 업그레이드 패키지	₩4,623,000
스마트 에어 서스펜션	₩3,302,000
울트라 Hi-Fi 사운드	₩3,302,000
열선 패키지	₩1,321,000

합계 (VAT 제외)	**₩143,380,909.09**	**합계 (VAT 포함)**	**₩157,719,000**
VAT 금액 (10%)	₩14,338,090.91		
합계 (VAT 포함)	**₩157,719,000**		

그림 4-1. 테슬라 오토파일럿 옵션 금액

출처: https://www.tesla.com/ko_KR/

*현대 스마트 센스 패키지 내용

자동 긴급제동 시스템(AEB)

어드밴스트 스마트 크루즈 컨트롤(ASCC)

주행 조향보조 시스템(LKAS)

부주의 운전 경보 시스템(DAA)

후측방 충돌 회피 지원 시스템(ABSD)

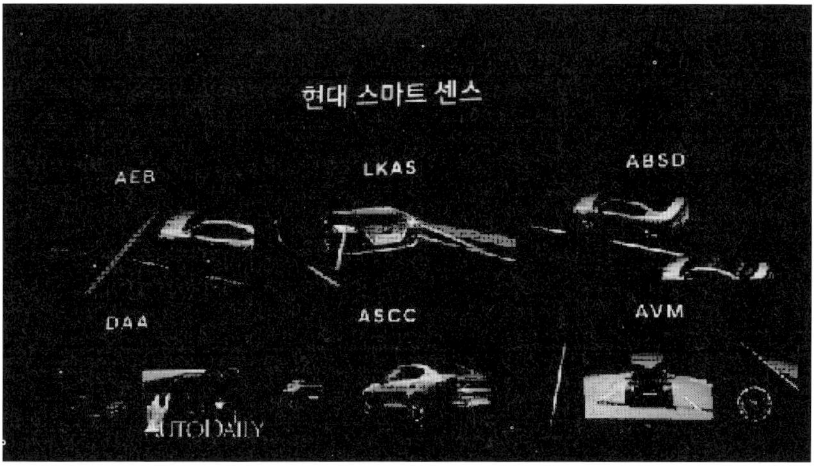

그림 4-2. 현대차 스마트 센서 패키지 구성(약 160만 원)

출처: http://auto.danawa.com/news/?Work=detail&no=3286620&Tab=N1&p=&NewsGroup=M

5

지금도 도로에 자율주행차가 달리고 있나요?

결론부터 말하자면, 네 지금도 도로에 자율주행차량이 달리고 있습니다. 현재 대한민국에서는 자율주행을 위한 임시면허증을 국토교통부에서 발급해주고 있으며 자율주행 면허증을 발급받은 차량은 자율주행이 허용된 도로에서 주행이 가능합니다. 자율주행 면허를 발급받기 위해서는 자율주행 차량이 국토교통부에서 공지한 여러 사항을 만족해야 합니다. 자율주행 차량의 심사는 경기도 화성에 위치한 교통안전공단 자동차안전연구원에서 담당합니다. 자율주행 차량이 기본적인 자율주행 기능을 보유하고 있는지, 사람이나 차량을 인지하고 스스로 정차 가능한지, 위험한 상황에서 사람이 제어권을 천이하여 수동 운전이 가능한지 등을 심사하고 있습니다. 실제로 면허증을 발급 받기 위해 신청했다가 검사에 불합격해서 면허증을 받지 못한 차량들도 많이 있습니다. 이 내용은 자율주행 임시면허에 관련된 질문에서 자세하게 다룰 것입니다.

자율주행이 가능한 도로는 여러 곳이 있는데, 고속도로의 경우와 자동차전용도로, 일반 도심로 등으로 구분되어 있습니다. 2015년 10월에 처음으로 고속도로 1개구간(경부고속도로 서울요금소-신갈분기점, 영동고속도로 신갈분기점-호법분기점, 41km)과 일반도로 5개 구간(수원, 화성,

용인, 고양 지역 등 320km)을 선정하여 자율주행 차량을 테스트 하도록 했습니다. 2016년 3월에 현대자동차에서 제네시스 차량으로 우리나라 1호 자율주행 면허를 취득한데 이어 최근에는 ICT 업체 최초로(전체로는 13번째) 네이버에서 2017년 2월에 자율주행 면허를 취득하였습니다. 국토교통부에서 고시한 내용을 보면 실도로에서 자율주행 시험을 할 때에는 해당 차량이 자율주행 차량이라는 스티커를 차량에 붙여서 주변 운전자들이 확인할 수 있게 하고 있습니다. 도로를 달리다가 자율주행 차량을 만나더라도 너무 놀라지 마세요. 일반 운전자와 크게 다르지 않게 아니 오히려 더 얌전하게 운전하고 있을 것입니다. 국토교통부는 현재 모든 도로를 자율주행 가능 도로로 지정하되 특정 도로만 금지시키도록 고시하였습니다. 이를 네거티브 규제라고 합니다. 따라서, 대부분의 도로에서 자율주행 차량들과 쉽게 만날 수 있습니다.

신청기관	차 종	대수
현대자동차	제네시스	1대
현대자동차	투싼(수소)	2대
서울대	K7	1대
한양대학교	그랜저	1대
기아자동차	쏘울(전기)	2대
현대모비스	LF소나타	1대
한양대학교	그랜저	1대
교통안전공단	LF소나타	2대
카이스트	벨로스터	1대
네이버랩스	프리우스V	1대
현대자동차	아이오닉(전기)	1대
현대자동차	아이오닉(하이브리드)	2대
서울대	제네시스	1대
만도	제네시스	1대
삼성전자(종합기술원)	그랜저	1대
LG전자	제네시스	1대
SK텔레콤	제네시스	1대
서울대	SM6	1대
KT	뉴카운티(승합차)	1대
자동차부품연구원	LF소나타	1대
삼성전자(DMC)	싼타페	1대
한국전자통신연구원	아이오닉(전기)	1대
쌍용자동차	티볼리 에어	1대
한국전자통신연구원	아이오닉(전기)	1대
서울대	아이오닉(전기)	1대
차세대융합기술연구원	레이(전기)	1대
현대자동차	G80	3대
KT	유니버스	1대
현대자동차	넥쏘(NEXO)	6대
아우디폭스바겐코리아	A8	1대
차세대융합기술연구원	미니버스(전기)	2대
삼성전자(종합기술원)	G80	1대
㈜소네트	프리우스	1대
㈜프로센스	아반떼	1대
현대자동차	엑시언트(트랙터)	1대
합계		47대

그림 5-1. 자율주행 임시면허 발급 현황(2018년 7월 기준)

출처: http://www.motorpd.com/news/articleView.html?idxno=686

1의3. "자율주행자동차"란 운전자 또는 승객의 조작 없이 자동차 스스로 운행이 가능한 자동차를 말한다.

* 조작? 스스로? 자율주행기술이 장착된 자동차?

제27조(임시운행의 허가) ① 자동차를 등록하지 아니하고 일시 운행을 하려는 자는 대통령령으로 정하는 바에 따라 국토교통부장관 또는 시·도지사의 임시운행허가(이하 "임시운행허가"라 한다)를 받아야 한다. 다만, 자율주행자동차를 시험·연구 목적으로 운행하려는 자는 허가대상, 고장감지 및 경고장치, 기능해제장치, 운행구역, 운전자 준수 사항 등과 관련하여 국토교통부령으로 정하는 안전운행요건을 갖추어 국토교통부장관의 임시운행허가를 받아야 한다.

그림 5-2. 자율주행 관련 법규 조항

출처: https://www.slideshare.net/ssuserbd0159/fn-65340153

그림 5-3. 자율주행 임시면허 국내 1호차 기념식(현대차 - 제네시스)

출처: http://www.etnews.com/20160307000050

6
자율주행 시대가 되면 우리 생활은 어떻게 달라지나요?

자율주행 차량이 요즘 뉴스나 언론에서 많이 거론되는 이유는 우리 생활에 직접적인 영향을 주는 기술이기 때문입니다. 당장 간단한 기능이라도 장착된 차량을 타보면 자율주행 기능이 없던 차량에 비해서 운전자의 피로도가 급격히 감소하는 것을 느낄 수 있습니다. 당연히 더 높은 레벨의 자율주행 기능이 탑재된다면 인간은 운전의 피로함에서 해방될 수 있겠죠. 그런데, 현재도 운전을 직업으로 가지고 있는 수 많은 분들이 계십니다. 택시드라이버, 버스드라이버 그리고 화물 운전을 하시는 분들이 대표적 입니다. 자율주행 시험이 최근 시범운행으로 택시, 무인버스, 화물트럭 등으로 서비스를 선보이고 있는 것을 눈여겨 볼만 합니다. 실제로 자율주행 기능이 성숙되면 이러한 운전자 분들의 직업이 위태로워 질 것입니다. 인공지능 및 자율주행 로봇에게 일자리를 뺏길 수 있다는 것이죠. 처음에는 모니터링할 사람이 필요하기에 기존 운전자 분들이 운전석에 앉아서 차량이 스스로 운전하는 것을 지켜보다가 필요할 때에만 개입해서 운전을 하겠지만, 레벨이 4단계이상으로 올라가면 더 이상 운전자는 필요 없게 될 날이 머지않아 도래할 것입니다.

그림 6-1. 벤츠의 트럭 자율주행 모습

출처: https://www.overdriveonline.com/truckings-future-looks-great-for-those-who-can-adapt/

두 번째로는 현재처럼 자동차를 1가구당 1~2대 가지고 있지 않아도 될 시대가 옵니다. 여러분의 차량은 하루에 얼마나 도로에서 주행을 하고 있나요? 대부분의 차량이 주차장에 하루 종일 정차해 있을 것입니다. 매일 출퇴근을 한다고 해도 출근 1시간 퇴근 1시간 정도 입니다. 결국 24시간 중 2시간 외에는 사용하지 않고 대부분의 차량이 주차장에 있는 것이죠. 자율주행 시대가 본격적으로 시작되면 더 이상 사람들은 자동차를 소유하기를 원하지 않을 것입니다. 지금도 카카오택시를 앱으로 호출하면 몇 분후에 도착하는지가 표시되어서 아주 편리하게 사용하고 있습니다. 자율주행 시대에는 여러분이 카카오택시처럼 자율주행 차량을 호출하면 주변에 있는 자율주행 차량이 여러분을 태우고 목적지까지 운전자

없이 데려다 줍니다. 물론, 비용은 지금 택시에 비해 훨씬 저렴하겠죠. 도로에는 대부분이 자율주행 택시일 것이며 본인이 직접 운전하는 차량은 점점 줄어들 것입니다. 결국, 자율주행 기술이 발전될수록 자차를 소유하고자 하는 사람들은 감소하게 됩니다. 공유경제가 자동차에도 시작되는 것입니다.

한 가지 시나리오를 소개하겠습니다. 당신은 직장에서 일을 마치고 오후 7시에 퇴근합니다. 지금은 오후 6시30분입니다. 아직 저녁식사는 하지 못했죠. 집까지는 차로 30분 거리입니다. 오늘은 7시부터 당신이 응원하는 프로야구팀의 원정 경기가 있는 날입니다. 당신은 스마트폰 자율주행 앱을 켜고 회사 앞에서 7시에 집까지 데려다줄 차량을 호출합니다. 차량 안에서 식사를 해결하고자 피자 2조각과 맥주를 주문하죠. 더 이상 운전을 하지 않아도 되기에 퇴근 후 맥주를 즐기는 것도 가능합니다. 30분 동안의 이동시간이 지루하지 않게 응원하는 프로야구팀의 경기가 차량 전면 유리부에서 플레이 됩니다. 집근처에 도착하여 내리면 여러분 집 앞까지 이동을 위한 전기 스쿠터가 기다리고 있습니다. 이 모든 서비스는 이미 스마트폰에서 결재를 완료했습니다. 매일 아침 출근을 위한 자율주행 서비스는 연간 예약으로 이미 할인받아서 결재했기에 당신은 더 이상 운전의 피로함을 느끼지 않아도 됩니다.

이와 같이 여러분의 생활을 크게 바꿀 수 있는 것이 자율주행 기술입니다. 특히, 현재도 이동에 제약을 가지고 있는 노년층이나 장애인들의 경우 자율주행 기술을 통해 큰 자유로움을 누릴 수 있을 것입니다. 개인의 생활 뿐 만 아니라 도시의 구조도 바뀌게 될 것입니다. 지금의 도로 체계는 사람의 운전을 위한 도로 구조입니다. 차선이 양쪽으로 있고 신호등도 사람이 멀리서 인지할 수 있도록 개발되어 있습니다. 사거리에서의 교통 체계도 모든 차량들을 순서대로 사고 없이 안내하기 위해서 개발된 것이죠. 그러나 자율주행 시대가 와서 모든 차량들이 자율주행 차량으로 바뀐다면 더 이상 지금의 도로 구조는 필요 없게 됩니다. 모두 동일한 알고리즘을 가지고 차량들이 운전을 스스로 하기 때문에 사고가 거의 없을 것이고 차량 간의 간격도 매우 가까워질 것입니다. 그러면 교통 체증이 없어지게 되고 사거리의 신호등도 필요 없게 됩니다. 통신을 통해 모든 차량들이 순서를 부여받아서 사거리를 주행하게 되는 것이죠. 지금처럼 일정 시간동안 한쪽 방향의 차량들이 지나는 것이 아니라 교통량을 파악하여 한쪽 차량이 지나가다가 다른 쪽 차량이 지나가고 하는 언뜻 보기엔 복잡하고 위험해 보이지만 사거리에서 기다리지 않고 주행하는 모습을 보게 될 것입니다.

그림 6-2. 완전 자율주행 시대의 교차로 주행 모습

출처: https://blog.habrador.com/2016/10/article-fast-rectangle-rectangle-intersections.html

중국에서는 최근 스마트 시티의 계획과 건설이 한창입니다. 필자가

2017년 2월에 중국 광저우로 출장을 다녀온 적이 있었는데 그때 cisco에서는 광저우시와 손잡고 판유구에 스마트 시티를 계획 중에 있었습니다. 조감도를 보고 깜짝 놀란 것은 지상 1층에는 모두 자율주행 차량만 운행할 수 있도록 한다는 설명을 들었을 때 입니다. 사람이 운전하는 차량들은 전부 지하로만 운행이 가능합니다. 보행자들과 자율주행 차량만이 지상에서 자유롭게 이동하는 세상을 중국은 이미 시작하고 있습니다. 판유 스마트시티는 2020년 초반에 준공예정입니다. 그때가 되면 전세계 1호 자율주행 도시가 중국에서 탄생할 것입니다. 더 놀라운 것은 중국 전역에서 이러한 스마트시티 계획이 60여곳에 이른다는 것입니다. 우리나라도 지자체 단위에서 여기저기 자율주행을 독립적으로 한다고 홍보하고 있지만, 중국의 스마트 시티와 같은 임팩트를 기대하기는 어려운 것이 사실입니다.

그림 6-3. 중국 스마트시티 구상도

출처: 저자 편집 및 수정

7

자율주행차 안전한가요?

자율주행 차량도 컴퓨터이기 때문에 당연히 인간보다 엄청난 계산량을 자랑합니다. 예를 들어 운전하면서 주변 상황을 살필 때에도 인간보다 훨씬 더 정밀하게 주변 물체들의 움직임을 파악합니다. 따라서, 정상적으로 동작하기만 한다면 매우 안전하다고 생각해도 됩니다. 그러나, 워낙 복잡한 시스템이기 때문에 여러 가지 변수가 존재합니다. 여기서는 자율주행 차량이 어떠한 경우에 정상동작하지 않거나 fail 모드에 빠질 것인가에 대해서 얘기해보겠습니다. 첫 번째로는 센서의 고장입니다. 인간의 눈에 해당하는 여러 센서들이 자율주행 차량에 장착되어 있습니다. 카메라, 레이더, 라이다, 초음파 센서등 잘 보이지는 않지만 차량 곳곳에 많은 센서가 장착되어있죠. 그러나 만약 이 센서에 문제가 생긴다면 눈을 감고 운전하는 것과 같은 위험성이 있습니다. 카메라 센서는 전방 유리에 이물질이 있다면 제대로 영상 정보를 전달하지 못할 것입니다. 비나 눈이 심하게 오거나 역광 또는 너무 어두운 곳에서도 인식 불량 확률이 높습니다. 아직까지 카메라들이 사람의 눈 정도의 성능을 보이지 못하고 있기 때문입니다. 라이다 센서도 송수신을 위한 표면이 노출되어 있기 때문에 센서에 오물질이 붙으면 비정상 동작을 할 확률이 매우 높습니다. 최근에 사용해본 경험으로는 겨울에 사용하면 센서 주변이 얼어서 잘못된 정보를 출력하는 것을 보았습니다. 이처럼 자율주행 센서가 고장 날 확률이 있기 때문에 만약을 대비하여 중첩하여 장착되는 것이 무척 중요합니다. 즉, 두 개 이상의 센서가 동일한 영역을 커버해야 한다는 것입니다. 그렇게 되면 하나의 센서가 고장나더라도 다른 센서가 인지 가능하기 때문입니다.

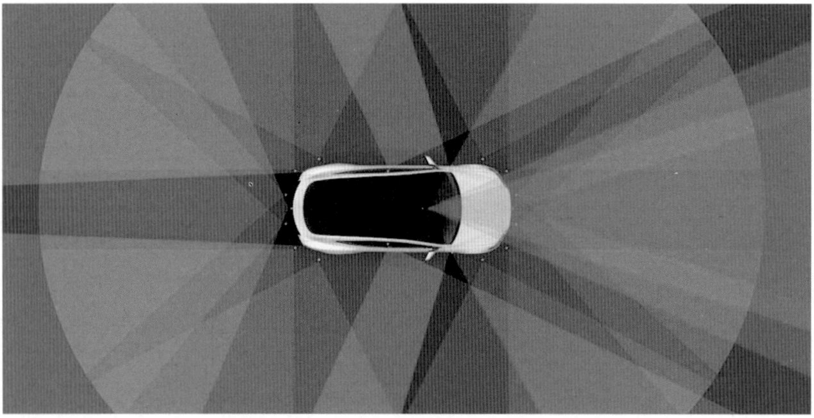

그림 7-1. 테슬라 오토파일럿 센서 커버리지

출처: https://www.theverge.com/2017/1/21/14347698/tesla-autopilot-hardware-two-autosteer-limited

두 번째로는 컴퓨터 이상입니다. 여러분 휴대폰을 사용 중에 한 번씩 먹통이 되는 경우를 경험해 보셨을 것입니다. 이때의 해결책은 다시 전원을 재부팅하는 것이죠. 그러나 자율주행 컴퓨터는 잠시라도 먹통이 된다면 탑승자의 목숨을 위협하는 흉기가 될 것입니다. 예를 들어 100kph로 주행하는 차량이라면 1초에 약 28m 정도를 이동합니다. 이 때문에 자율주행 컴퓨터 즉, 자율주행 ECU는 이중화 장치가 필수가 되어야 합니다. 하나의 ECU가 잘못되어도 다른 ECU가 대신 역할을 해야 하기 때문입니다. 물론 ECU를 두 개나 사용한다면 비용이 증가할 것입니다. 그러나 이러한 비용 증가는 꼭 필요한 부분이라고 생각합니다. 실제로 우리가 자주 사용하는 항공기의 경우 두뇌의 역할을 하는 ECU는 세 개가 장착되어 만일의 고장 사태를 대비하고 있습니다.

세 번째로는 보안 문제입니다. 자율주행 차량은 향후 상용화될 때에 외부와의 통신이 필수일 것입니다. 그러나 통신량이 많아질수록 해킹 등의 보안 문제가 대두됩니다. 커넥티드카가 활성화 되면서도 보안에 관한 문제가 이슈가 되고 있습니다. 실제로 외국에서는 간단한 스마트폰 해킹으로 차량의 주요 기능을 on/off시키는 시연을 보였습니다. 2015년 글로벌 자동차업체 피아트-크라이슬러 차량에 대한 원격 해킹 영상만으로, 해당 모델 140만 대를 전량 리콜한 사례가 대표적입니다.

네 번째로는 윤리적인 문제입니다. 최근에 해외에서도 윤리적인 문제가 이슈가 되었는데요. 바로 자율주행 차량 주행 중 사고 발생 시에 운전자와 보행자 중 누구를 보호할 것이냐 하는 문제입니다. 트롤리의 딜레마라고 불리는 윤리적 이슈입니다. 트롤리는 기차의 일종이라고 생각하면 이해하기 쉬울 것입니다. 필리파 풋이 제시했으며 주디스 자비스 톰슨 및 이후 피터 엉거와 프란세스 캄에 의해 체계적으로 분석되었습니다. 윤리학의 사고 실험이며 다음과 같은 사례를 제시합니다.

사례 1) 트롤리는 선로를 따라 달려오고 있고, 선로에는 다섯 사람이 있다. 당신은 선로 밖에 서 있고 다섯 사람을 구하기 위해서는 선로전환기를 당기면 되지만 그렇게 되면 다른 선로에 있는 다른 한 사람이 죽게 된다. 선로전환기를 당기는 행위는 도덕적으로 허용 가능한가?

사례 2) 트롤리는 선로를 따라 달려오고 있고, 선로에는 다섯 사람이 있다. 당신은 선로 밖에 서 있고, 바로 옆에는 상당히 무거운 사람이 한명 서 있다. 다섯 사람을 구하는 유일한 방법은 옆에 서 있는 사람을 선로 위로 밀쳐서 그 무게로 트롤리를 멈추게 하는 것인데, 이 경우 트롤리는 멈추게 되지만 그 사람은 죽게 된다. 이는 도덕적으로 허용 가능한가?

이러한 사례를 자율주행 차량에도 적용 해보는 것입니다. 만약 차량이 2초 후 사고 발생을 예측했고 차량을 그대로 정지하면 보행자들과 차량이 충돌할 것을 예측했고 차량을 오른쪽 벽에 부딪히면 운전자가 상해를 입을 것이라 예측했다면 과연 자율주행 차량 로직은 어떠한 선택을 해야 하는가? 하는 윤리적인 문제가 발생하는 것입니다. 여러분은 어떻게 생각하시나요? 자율주행 차량을 구매한 운전자를 보호해야 할까요? 그러나 만약 여러분이 자율주행 차량 앞에 서 있는 보행자라면 어떨까요? 결코 쉽지 않은 문제입니다. 이러한 윤리적인 문제를 트롤리의 딜레마라 하는데 앞으로는 자율주행 차량 로직 구성 시에 이러한 윤리적인 문제가 사회적으로 대두될 것입니다.

자율주행 차량은 기본적으로 매우 안전한 장치이지만, 위에 거론한 여러 가지 조건들을 꼭 염두해야 합니다. 그렇지 않으면 인간을 위해 만들어진 자율주행 차량이 갑자기 움직이는 폭탄이 될지도 모르기 때문이죠.

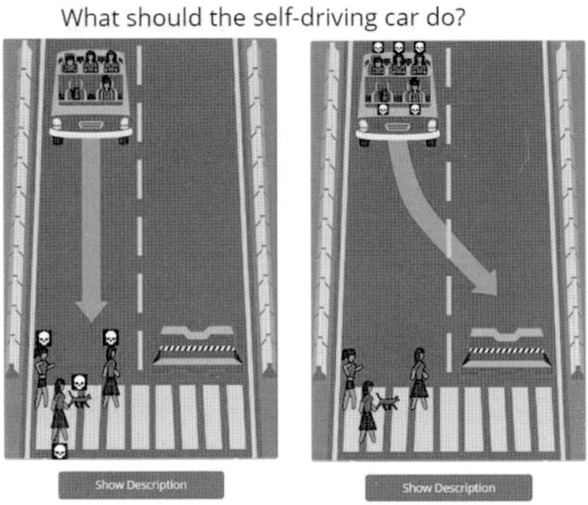

그림 7-2. 트롤리 딜레마 1

출처: https://1boon.kakao.com/bloter/moralmachine

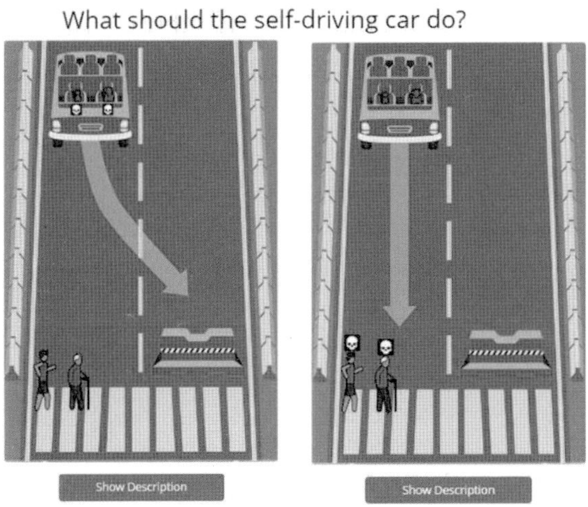

그림 7-3. 트롤리 딜레마 2

출처: https://1boon.kakao.com/bloter/moralmachine

8

자율주행이 되면 어떤 점이 좋은가요?

자율주행 시대가 오면 지금까지와는 많은 다른 모습들이 발생할 것입니다. 먼저, 사람들이 운전을 하지 않아도 되기 때문에 차량 안에서 다른 생산적인 일을 할 수 있습니다. 밀린 잠을 잘 수도 있고 친구들과 메신저로 대화를 나눌 수도 있겠죠. 또는 구매하고 싶은 물건을 쇼핑할 수도 있을 것입니다. 간단한 식사를 차량에서 해결할 수도 있습니다. 이처럼 차량 안에서 긴 시간동안 자유가 주어지기 때문에 여러 기업들이 자율주행 차량 내부에서 제공 가능한 컨텐츠에 주목하고 있습니다. 자율주행 시대가 오면 아마도 차량 안의 소비자를 누가 어떻게 공략하는지가 매우 중요하게 될 것입니다. 또한 도로의 교통사고가 대폭 감소할 것입니다. 자율주행 시대에 발생하는 사고들은 실제 차량 결함이라던지 소수의 매뉴얼 운전자들에 의해 발생할 것입니다. 특히, 사망 사고가 굉장히 줄어들 것이기 때문에 사회적 비용이 무척 감소하게 됩니다. 당연히 보험료도 줄어들것이며 사람들은 더 이상 차량을 소유하려 하지 않을지도 모릅니다. 언제든지 자율주행 차량이 내가 필요할 때에 필요한 곳까지 데려다 줄 것이기 때문입니다. 그것이 꼭 내 차가 아니어도 상관 없겠죠. 쉽게 생각하면 내 전용 택시가 있다고 생각하면 됩니다.

그림 8-1. 자율주행차량 내부 모습

출처: http://techm.kr/bbs/board.php?bo_table=article&wr_id=3571

그림 8-2. 자율주행차량 주행 광고(현대자동차)

출처: https://www.youtube.com/watch?v=QgX5Ke7sVfQ

도시의 구조도 바뀌게 될 것입니다. 지금의 도시 구조는 사람이 운전하기에 최적화된 구조입니다. 차량이 많다보니 보행자보다는 차량 위주로 도시가 계획되었죠. 자율주행 시대가 본격화되고 만약 도심의 모든 차량이 자율주행 차량이 된다면 더 이상 현재와 같은 도시 구조는 필요 없게 됩니다. 자율주행 차량과 보행자들만이 이동하기 때문에 지금보다 훨씬 도로가 좁아도 되고 차로 수도 줄어들어도 됩니다. 자율주행 기술로 인해 차량 정체가 거의 발생하지 않기 때문입니다. 그렇게 되면 자연히 도시는 보행자 위주로 개편되어 지금보다 보행자들이 안전하고 쾌적한 이동을 할 수 있게 될 것입니다.

장점이 있으면 단점도 있기 마련입니다. 여러분도 예측하셨겠지만, 자율주행 시대가 오면 제일 먼저 운수업과 버스, 택시 기사 분들의 일자리가 위협받을 것입니다. 현재 우버가 피츠버그 및 미국 전역에서 자율주행 시범 운행을 하고 있는 이유가 바로 그것입니다. 운전 해주는 기사분들에게 비용을 주고 싶지 않다는 것입니다. 자율주행이 가장 쉬운 고속도로의 화물차량이 제일 먼저 타겟이 될 가능성이 높습니다. 이후 지정된 경로만을 주행하는 무인셔틀이 현재 버스의 자리를 위협할 것입니다. 마지막으로는 도심을 주행하는 택시가 되겠죠. 도심 주행의 경우에는 아무래도 구조도 복잡하고 다양한 변수가 존재하기 때문에 당장 대체는 어렵다고 판단됩니다. 그러나 향후 10년 정도 이후 직업을 고려하실 때에는 이러한 운전이 주가 되는 직업은 피하시기 바랍니다. 언급한대로 제일 먼저 위협 받을 대상은 화물차 운전자 분들이 될 확률이 높습니다. 주로 고속도로에서 주행을 하고 군집 주행도 가능하기 때문입니다. 군집 주행이란 맨 앞 차량을 사람이 운전하면 뒤에 있는 3~4대의 차량들은 자율주행으로 앞차를 그대로 따라가는 것입니다. 센서와 통신 기술을 이용하면 지금도 구현이 가능합니다. 앞차를 매우 가까이서 따라가지만 사고가 나지 않기 때문에 공기저항도 덜 받아서 연비도 매우 좋아집니다. 운전 기사는 5대 중 1대에만 필요하기 때문에 비용도 감소하겠죠.

그림 8-3. 우버 자율주행 차량

출처: http://www.sisapress.com/journal/article/166280

그림 8-4. 일본 군집주행 테스트(2022년 상용화 예정)

출처: http://www.cvinfo.com/news/articleView.html?idxno=8499

9

우리나라의 기술 수준은 어느 정도 인가요?

전체적인 시스템 기술은 세계적인 수준과 비교해도 크게 차이 나지 않는다고 생각합니다. 다만, 카메라, 레이더, 라이다 등의 센서는 대부분을 해외 부품에 의존하고 있습니다. 국내에 자율주행 관련된 센서 회사가 거의 없기 때문입니다. 최근 들어 여러 회사들이 해외 자율주행 센서 부품을 국내 부품으로 대체하기 위해 노력하고 있지만 아직까지 상용화 가능한 국내 부품은 전무한 실정입니다. 또한, 최근 알파고 등장 이후 NVIDIA 등과 같은 회사에서는 인공지능 기술을 이용하여 자율주행 차량을 개발하고 있습니다. 우리나라에서는 아직 인공지능 관련된 전문가가 비교적 소수이기에 자율주행 차량에 인공지능 기술을 활발히 융합하고 있지 못합니다. 어떠한 기술이 유명해지면 그쪽으로만 정부와 대부분의 학교에서 초점을 맞추기 때문에 즉, 돈이 되는 기술만 연구하기 때문에 이렇게 전문가가 부족한 분야가 발생하게 됩니다.

전체 시스템 기술은 세계적인 기술과 비교하여 많이 떨어지지는 않지만 새로운 패러다임을 제시하지는 못하고 있습니다. 시스템을 개발하는 학교와 회사가 매우 소수이기 때문입니다. 해외와 달리 여러 기관들이 서로 협업 하거나 정보를 공유하여 개발하지 못하기도 하고 자율주행 시스템 개발을 위한 차량 플랫폼을 오픈하여 공유하고 있지 못하기 때문입니다. 예를 들어, 어떤 벤처 회사에서 자율주행 시스템 관련된 기술을 개발하고 싶어도 차량을 개조하고 자동으로 제어가 되도록 하는 것이 쉽지 않고 비용이 많이 소요되기 때문에 선뜻 나서는 기업이 없습니다. 즉, 진입 장벽이 너무 높은 것입니다.

정부나 지자체에서는 정부 예산으로 이러한 자율주행을 위한 오픈 플랫폼 개발을 서둘러서 벤처나 스타트업 및 자율주행 관련 기술을 개발하고자 하는 회사면 누구나 개발된 오픈 플랫폼을 사용 가능하도록 지원해야 할 것입니다. 그래야 그 플랫폼에 인공지능 기술도 넣어보고 새로운 컨텐츠도 넣어보고 다양한 기술을 적용하면서 시너지 효과를 낼 것이기 때문입니다. 언젠가 자율주행 차량의 모든 부품을 국산화한 토종 자율주행 차량이 국내 도로를 주행하는 날이 오기를 기대해 봅니다.

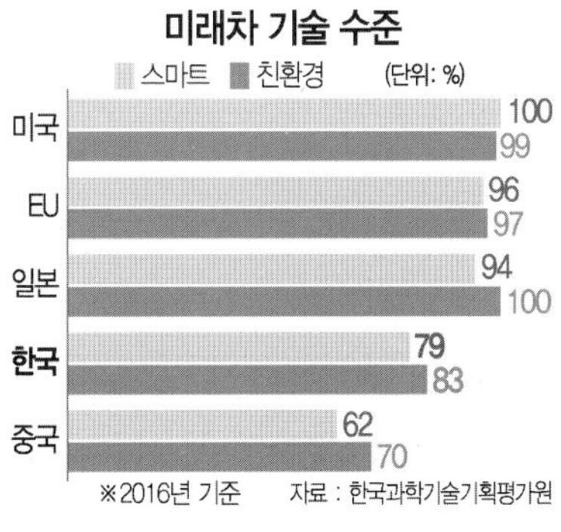

그림 9-1. 국가별 미래차 기술 수준 자료

출처: https://www.sedaily.com/NewsView/1RZMS26T6G/GD

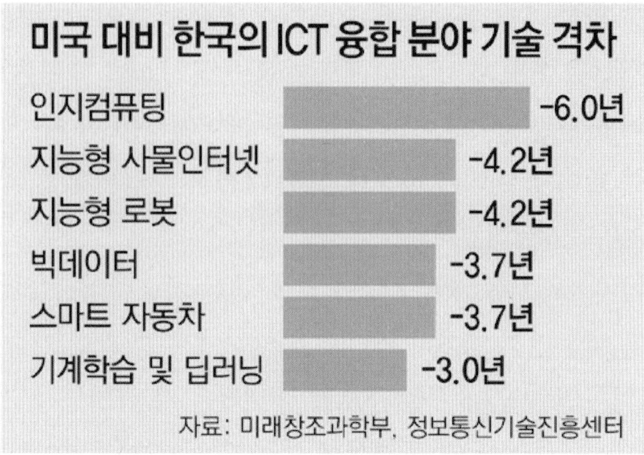

그림 9-2. 대한민국 ICT 융합 분야 기술 격차 자료

출처: http://news.donga.com/List/Series_70010000000864/3/70010000000864/20160126/76127338/1

10

언제쯤 대부분의 차량이 자율주행이 될까요?

이 글을 읽으시는 분들 중에 레벨 1~2정도의 ADAS 기술을 사용해본 적이 있으신 분이 얼마나 될까요? 생각보다 많은 분들이 자율주행 관련된 기능을 아직 사용해본 적이 없으십니다. 아직까지 해당 기능들을 사용하려면 차량옵션에 비싼 가격을 지불해야 하기 때문입니다. 제 차에도 1단계 정도의 cruise control 기능만이 들어있습니다. 일정한 속도를 입력하면 해당 속도를 가속 페달을 밟지 않아도 유지해주는 기능입니다. 물론, 전방에 저속으로 주행하는 차량이 있다면 충돌할 수 있기에 운전자가 기능을 취소해야합니다. 좀더 비싼 smart cruise control 기능을 옵션으로 구매하면 차량 전방에 레이더 센서가 장착되어서 자동으로 전방 차량과의 차간거리를 자동으로 유지해줍니다.

2018년도부터 현대기아 자동차에서 국내 승용차에 전방에 차량이나 사람이 있을때에 자동으로 제동 제어를 수행해주는 AEB(Autonomous Emergency Braking, 긴급 자동 제동보조장치)를 기본 옵션으로 장착한다고 하니 매우 반가운 소식입니다. 만약 어떤 나라에서 우리나라에서 운행할 차량은 내년부터 레벨4 이상되는 차량이어야 한다고 법적으로 선언한다면 대부분의 차량이 자율주행 차량이 쉽게 될 것입니다. 그러나 그러한 일이 일어날 가능성은 현재로서는 매우 낮습니다. 물론 시간이 오래 지나면 분명 법적으로 자율주행 차량의 기능을 강제할 가능성도 있지만 그 시간은 쉽게 예측하기 어렵습니다.

그림 10-1. Cruise control 기능 버튼 예시

출처: https://www.bodnara.co.kr/bbs/article.html?num=125304

전세계적인 OEM들이 제안하고 있는 로드맵을 보면 언제쯤 차량들이 자율주행이 될지 예측해볼 수 있습니다. 일단, 첫 번째 타겟은 고속도로 자율주행 기능입니다. 대부분의 차량 제조회사에서는 2020년~2025년 정도에 고속도로에서 레벨3 정도의 자율주행 차량을 출시하겠다고 선언하고 있습니다. 국내 자동차 회사들도 마찬가지입니다. 그렇게 된다면 대략 2020년 중반정도에는 소수의 차량들이 고속도로에서 스스로 주행

할 것입니다. 그러한 기능이 대부분의 차량으로 확산되기 위해서는 최소 10년 이상이 소요되리라 생각됩니다. AEB 기능이 소수 차량 옵션에서 기본 기능으로 들어오는데 10년 정도가 소요되었기 때문입니다. 그렇다면 2030년 중반 정도면 고속도로에서는 많은 차량이 자율주행으로 달릴 것이고 소수의 차량이 도심에서 자율주행으로 주행할 것입니다. 대부분의 OEM 들이 2030년 이후에 도심 자율주행을 예측하고 있기 때문입니다. 그렇다면 2040년 중반에서 2050년 정도면 도심에서도 많은 수의 자율주행 차량이 운행하지 않을까 생각됩니다. 그 이후에 자율주행 차량의 장점이 확인된다면 모든 차량이 자율주행 차량으로 운행하는 시대도 올 수 있다고 생각됩니다.

대부분의 차량 OEM들이 자율주행 차량을 시장에 내놓는데 이렇게 오랜 시간이 소요되는 이유는 무엇일까요? 그 이유는 3가지로 요약해볼 수 있습니다. 첫째, 차량개발 프로세스입니다. 신규 플랫폼의 차량이 기획되어 연구개발을 거쳐 소비자에게 판매되기까지는 최소 4년 이상이 필요합니다. 완전자율주행차량의 경우 기존 양산차량 대비 조향장치, 구동계, 전원, 통신 등 많은 부분의 변경이 예상되므로 신규 플랫폼으로 차량이 개발이 되어야 하는데 그렇다고 한다면 지금 기능이 완성되었다 해도 약 4년의 시간은 추가적으로 필요합니다.

둘째, 관련 부품개발입니다. 언론에 노출이 되는 자율주행차량은 연구개발용으로 제작된 차량으로, 필자가 개발했던 아이오닉 자율주행 차량의 경우 부품 및 제작 비용을 산출해 보면 일반차 양산차량의 10배도 넘는 금액입니다. 그리고 장착된 부품들은 소비자에게 판매될 수 있는 수준의 내구성도 검증이 되지 않은 '시험용 차량'입니다. 이 부품들이 양산차량의 개발프로세스에 탑재되기 위해서는 먼저 부품들의 내구성 검증과 이를 위한 설계, 개발을 통한 대량 양산이 전제가 되어야 합니다.

셋째, 관련법규의 제정입니다. 현재 자율주행차는 개발용 차량에 대해서만 '임시번호판'을 부여하여 일반도로에서 테스트를 할 수 있도록 주행이 허용이 되어 있습니다. 만일 자율주행차량이 일반 소비자 판매가 되기 위해서는 일반도로에서 차량을 주행할 경우 발생할 수 있는 안전사고를 대비하고, 이후 발생할 수 있는 분쟁에 대해서 논란이 없도록 사전에 법규가 제정이 되어야만 합니다. 이러한 법규가 제정이 되고 나면 그 법규를 지키기 위해서 자동차 연구소의 개발방향이 결정이 되고 그때부터 차량개발이 진행 될 수가 있습니다. 이처럼 자율주행차가 일반소비자에게 판매되기 위해서는 넘어야 할 산들이 많이 있는데요, 이를 위해서 자동차회사, 부품제조사, 정부에서 동시에 열심히 노력하고 있으니 실제로는 제 예상보다 이 시점이 더 앞당겨 지기를 저 또한 기대하고 있습니다.

향후에 인간의 운전이 금지되는 시대가 올까요? 이것도 한번 생각해볼 만한 주제입니다. 어쨌든 2050년 이전까지는 자율주행 차량과 인간이 함께 주행하게 될 가능성이 매우 높습니다. 지금도 자율주행이 허용된 도로에서는 여러분이 모르는 동안 자율주행 차량과 함께 운행했는지도 모릅니다. 지금도 여러 대학과 기업의 자율주행 차량들이 고속도로와 도심을 시범주행 하면서 테스트하고 있기 때문입니다.

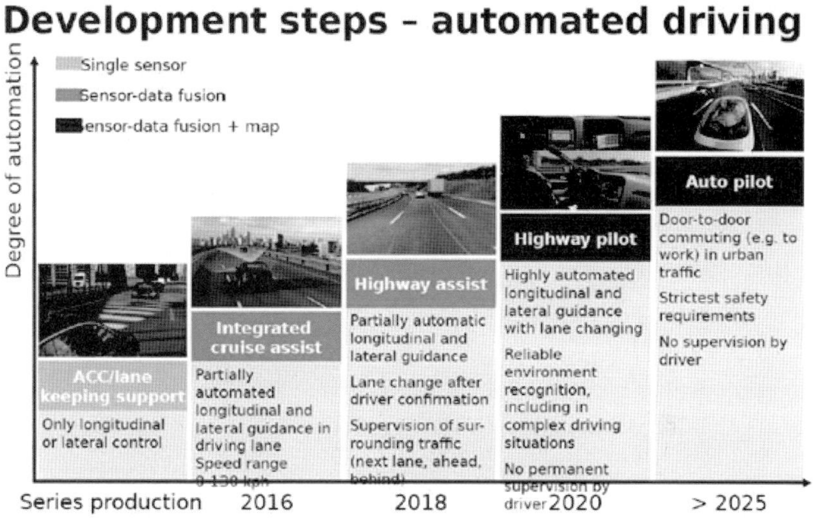

Sources : AUVSI 2014, San Francisco

그림 10-2. 보쉬 자율주행 로드맵

출처: https://m.blog.naver.com/PostView.nhn?blogId=drryuhk&logNo=220751270330&proxyReferer=http%3A%2F%2Fwww.google.co.kr%2Furl%3Fsa%3Di%26rct%3Dj%26q%3D%26esrc%3Ds%26source%3Dimages%26cd%3D%26ved%3D2ahUKEwiBlYCtvufeAhXP-lQKHT_uDHUQjhx6BAgBEAM%26url%3Dhttp%253A%252F%252Fm.blog.naver.com%252Fdrryuhk%252F220751270330%26psig%3DAOvVaw0AtsrO4zk3TpmYaYOeitQv%26ust%3D1542958379245359

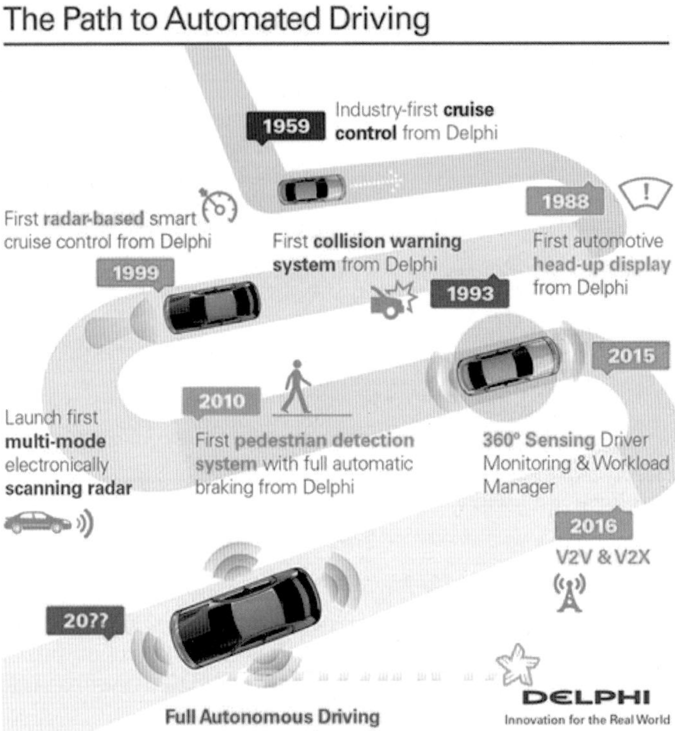

그림 10-3. 델파이 자율주행 로드맵

출처: http://www.top-rider.com/news/articleView.html?idxno=18634

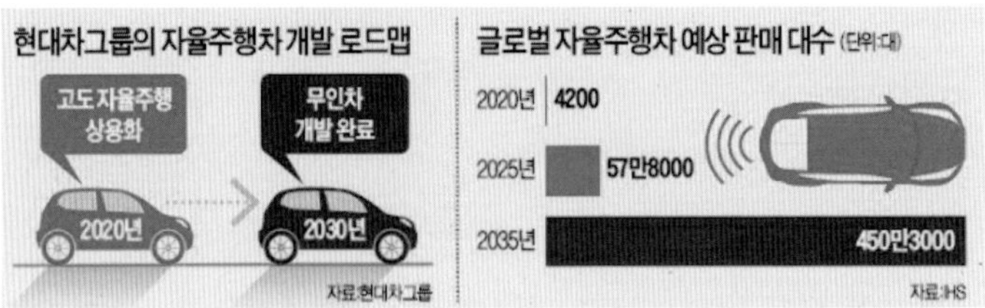

그림 10-4. 현대차그룹 자율주행 로드맵

출처: http://newslabit.hankyung.com/news/app/newsview.php?aid=2017021350721

11
우려되는 단점은 무엇이 있을까요?

자율주행 차량을 얘기할 때에 사람들이 제일 먼저 우려하는 것은 바로 해킹의 위험입니다. 자율주행 차량이 스스로 판단하고 제어해서 차량을 움직이기 때문에 해킹의 위험성이 높은 것이 사실입니다. 만약 나쁜 마음을 먹은 사람이 여러분의 자율주행 차량을 해킹해서 일부러 사고를 내도록 차량을 움직이게 명령한다면 자율주행 차량은 더 이상 안전한 차량이 되지 못할 것입니다. 더욱 걱정스러운 것은 미래에 모든 차량이 자율주행 차량이 될 경우입니다. 이 경우에 모든 차량들은 중앙관제센터의 명령을 받아서 주행하게 될 것입니다. 모든 차량의 경로를 중앙에서 관제하는 것이죠. 만약 중앙 관제 센터가 해킹 당한다면 그 도시의 모든 차량은 정상적인 주행이 불가능할 것이고 수 많은 사고가 발생할 것입니다. 자동화가 점차 높아질수록 해킹의 위험 또한 늘어난다고 보면 됩니다. 이 때문에 최근에는 자율주행 차량의 보안 관련 연구가 활발히 진행되고 있습니다.

보안 관련 연구 중의 한 가지 예를 들면, 최근 이슈가된 블록 체인 기술을 자율주행 차량에 적용한 것이 있습니다. 도요타 자동차에서 미래에 블록 체인 기술을 사용하여 자율주행 차량 해킹 시도를 막겠다고 발표하였습니다. 가상 화폐 거래에 주로 사용된 블로 체인 기술은 무엇일까요? 쉽게 설명하면 거래 장부를 여러명이 가지고 있는 방법입니다. 우리는 현재 대부분의 거래를 은행과 하고 있습니다. 즉, 거래 장부는 은행에만 1개 있는 것이죠. 이 경우 은행이 해킹을 당하게 되면 거래 장부가 없어지게 됩니다. 즉, 더 이상 장부는 없기에 막대한 손해가 발생하게 됩니다. 블록체인은 은행과 거래가 아니라 실제 거래하는 여러 명이 동일한 장부를 나눠가지는 것을 제안합니다. 예를 들어 A,B,C,D,E 5명이 거래를 한다면 모두 동일한 장부를 가지는 것입니다. A와 B가 거래한다면 A, B 즉, 거래 당사자만 장부에 기록하는 것이 아니라 5명 모두 장부에 A와 B의 거래 내용을 적어둡니다. 당연히 C, E가 거래할 때에도 거래 당사자만이 아닌 5명 모두가 장부를 업데이트하죠. 이렇게 되면 한 두명이 장부를 조작하려해도 나머지 장부와 대조를 해보면 조작 시도가 발각되게 되어서 조작이 불가능합니다. 하지만 5명 중 3명 이상을 섭외하여 조작을 시도하면 조작이 가능하게 됩니다. 즉, 장부를 가진 사람 과반수 이상을 한꺼번에 조작할 수 있다면 내마음대로 조작이 가능해지는 것입니다. 그러나, 장부를 가진 사람이 1,000명이라면 어떨까요? 500명 이상의 장부를 동시에 조작하는 것은 쉽지 않을 것입니다. 이처럼 블록 체인 기술은 거래 하려는 모든 사람들이 전자수첩이라는 보이지 않는 장부를 가지고 모든 기록을 자동으로 업데이트 하기에 이론적으로 조작이 불가능한 기술입니다. 자율주행 차량이 많아지게 되면 모든 차량이 이러한 장부를 가지고 있어서 해킹을 하려면 차량 1대가 아닌 전세계 자율주행 차량 절반 이상을 해킹해야 할 것이기에 해킹이 불가능하게 된다는 이론입니다. 자율주행 차량이 나쁜 의도에 의해 사용될 때에 많은 사람들이 우려하는 부분은 폭탄 테러입니다. 사람이 탑승할 필요가 없기 때문에 폭탄 등을 신고서 차량 스스로 목적지에 도착해서 폭탄을 터뜨린다면 정말 무서운 살상 무기가 될 것입니다. 또한, 그런 일이 발생하면 안되겠지만 자율주행 차량이 센서로 사람을 인식해서 그 사람을 향해 돌진하게 만든다면 폭탄이 없어도 차량 스스로 살상 무기가 될 것입니다. 자율주행 차량이 보행자 인식을 잘 하기 때문에 보행자를 인식해서 정지하는 로직을 오히려 보행자 쪽으로 경로를 생성해서 속도를 높이는 잘못된 로직으로 바꿀 수 있다는 것입니다.

앞에서 언급한 윤리적인 문제도 많은 이슈가 되고 있습니다. 자율주행 차량이 사고를 낼 수 밖에 없는 상황일 때 어떠한 판단을 해야 하는가 하는 문제입니다. 예를 들어, 자율주행 차량이 건물에 충돌한다면 차량에 탑승한 사람들이 위험해지고 주변에 서 있는 보행자들과 충돌한다면 차량에 탑승한 사람들은 안전하지만 거리의 보행자들이 다친다고 가정해 보겠습니다. 과연 이러한 상황에서 자율주행 차량은 어떠한 선택을 해야 할까요? 단순히 사람수가 많은 거리의 보행자를 보호하기 위해서 차량을 건물로 돌진시켜야 할까요? 아니면 탑승자의 안전을 최우선으로 판단하여 거리의 보행자들과의 충돌을 선택해야 할까요? 절대로 쉽게 판단할 수 있는 문제가 아닙니다. 최근 벤츠에서 위와 같은 상황에서 운전자를 최고 우선순위에 두겠다고 발표했다가 큰 이슈와 비판적인 여론이 일어나기도 했습니다.

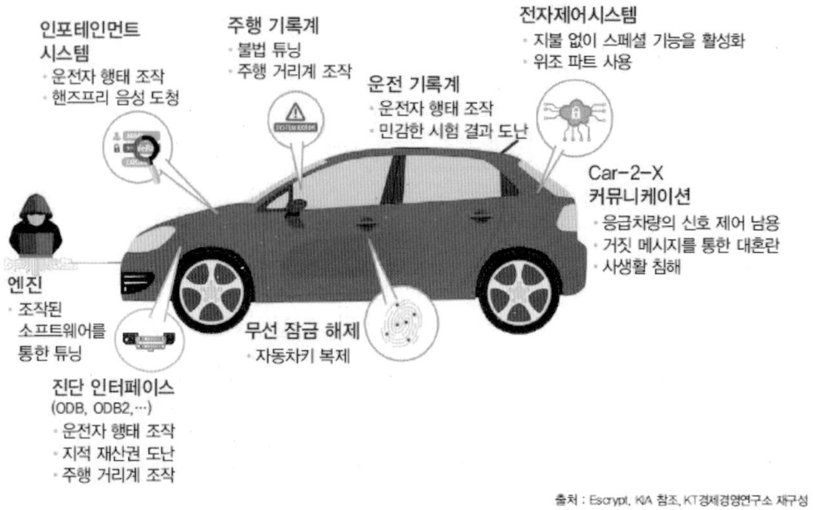

그림 11-1. 스마트카 해킹 문제점

출처: http://lbs1895.tistory.com/31

12

인공지능은 자율주행과 어떤 관계가 있나요?

최근 자율주행 관련 기사들을 보면 인공지능과 관련된 내용들이 대다수입니다. 넓은 범위에서 인간이 명령한 프로그램을 인공지능이라 칭한다면 맞는 얘기이지만, 요즘 말하는 인공지능이란 기계 또는 프로그램 스스로 학습한 결과로 성능이 점점 좋아지는 기능을 의미하는게 보편적입니다. 그러한 측면에서는 자율주행에 인공지능이 사용되는 정도는 자율주행을 개발하는 기관마다 다릅니다. 기존 OEM 들에서는 소위 말하는 룰기반(rule base)으로 자율주행 기능을 프로그래밍 합니다. 룰기반 프로그래밍이란 기계가 어떻게 동작할지에 대해서 인간이 모든 것을 하나하나 입력해주는 것을 의미합니다. Rule base의 장점은 인간이 프로그램한 대로 기계가 작동되기 때문에 예측이 쉽고 만약 문제가 생기더라도 그 문제를 발견하고 수정하기가 용이합니다. 그러나, 인간이 명령한 그 이상의 성능을 기대할 수는 없습니다.

이세돌을 이긴 알파고와 같은 인공지능 기술, 즉, 딥러닝(Deep learning) 기술을 자율주행 차량에 적극적으로 응용한 회사가 바로 NVIDIA입니다. 이들은 인간이 정상적으로 운전한 데이터를 딥러닝에 학습 시켜서 차량 스스로 카메라 화면에 따라 어떻게 운전하는게 좋은지를 가르쳤습니다.

기존 Rule base로는 주변 환경을 인지하고 위험 상황을 판단해서 차량을 제어하는 방법으로 개발을 하였습니다. 그러나 딥러닝 인공지능은 이러한 인지, 판단, 제어를 모두 학습으로 대체 가능합니다. 즉, 차량에 카메라를 장착하여 전방 화면과 운전자의 핸들 조향 각도, 가감속 페달 밟음 정도 이 세가지 정보만 지속적으로 컴퓨터에 입력해주면 인공지능이 알아서 운전하는 방법을 학습하여 배우게 됩니다. 다양한 환경에서 학습을 할수록 인공지능은 더욱 사람과 유사하게 운전하게 됩니다. NVIDIA에서 한 달 동안 3000mile(약 4800km) 학습시켜보니 자율주행 차량이 실제로 대부분의 길에서 사람이 운전하는 것처럼 운전했다 합니다. 심지어 전혀 가보지 않은 길에서도 이전에 학습한 경험으로 운전을 했다 합니다. 여기서 중요한 점은 인공지능 학습에 아무런 인간의 사전 지식이 포함되지 않았다는 사실입니다. 단지 입력한 것은 전방 카메라 정보와 해당 영상에 대해 인간이 조향과 가감속 페달을 어떻게 조작했는지에 대한 정보만이 입력되었습니다. 즉, 인공지능이 스스로 학습하면서 자기만의 운전하는 룰을 개발한 것입니다. 이러한 범용성이 바로 인공지능이 가진 장점입니다.

Rule base가 기존 가본 길을 아주 정확하고 인간이 원한대로 운전하게 해주지만, 딥러닝 인공지능은 처음 가본 길도 운전할 수 있도록 인간의 예측을 벗어나는 성능을 보여준다는 것입니다. 최근에는 보행자를 인지하고 차량을 인지하는 등의 기능에 인공지능이 활발히 사용되고 있습니다. 향후에는 판단 및 차량 제어 등에도 인공지능이 사용될 것이라 기대됩니다. 다만, 현재 딥러닝은 문제가 발생했을 때, 즉, 반대편에서 마주보고 오는 차량쪽으로 핸들을 틀어서 사고가 났을 때에 왜 그런 행동을 기계가 수행했는지에 대해서 원인을 쉽게 찾기가 어렵습니다. 즉, 전문 용어로 디버깅이 어렵다고 합니다. 이러한 문제를 인공지능 학자들이 해결해준다면 자율주행 차량에 인공지능 기술이 점점 확대되는 날이 곧 다가올 것입니다.

그림 12-1. NVIDIA 자율주행차량

출처: https://m.post.naver.com/viewer/postView.nhn?volumeNo=14410000&memberNo=309601 49

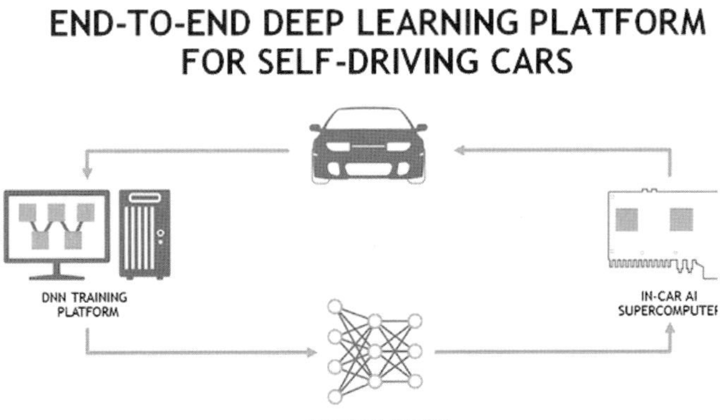

그림 12-2. NVIDIA AI 딥러닝 구조

http://primeurmagazine.com/weekly/AE-PR-02-16-16.html

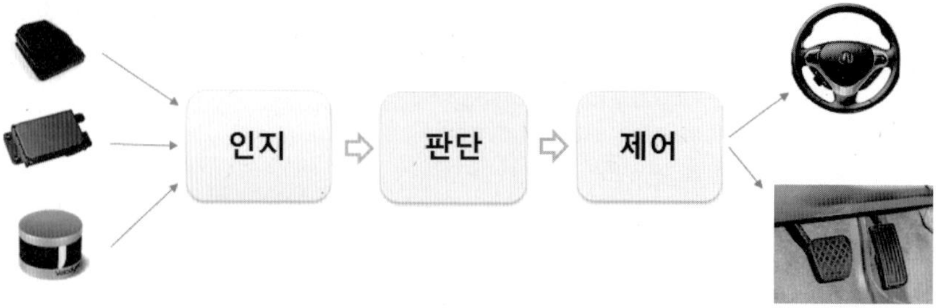

그림 12-3. 기존 자율주행 기능 구조

출처: 저자 편집 및 수정

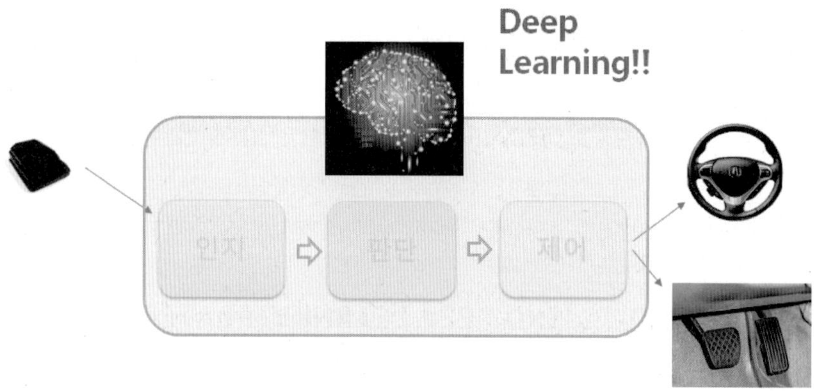

그림 12-4. AI기반 자율주행 기능 구조

출처: 저자 편집 및 수정

13

자율주행을 하려면 어떤 부품이 더 필요한가요?

자율주행을 위해서는 사람의 눈에 해당하는 여러 센서들이 필수적입니다. 이미 차량에서 사용되고 있는 초음파 센서, 카메라 센서등은 당연히 필요합니다. 차간거리 유지등에 사용되고 있는 레이더 센서도 활용 가능합니다. 여러 센서중에서도 가장 필요한 것은 바로 라이다 센서입니다. 라이다 센서는 빛을 광원으로 하여 주변을 스캔해주기 때문에 매우 정밀한 주변 환경 정보를 제공해줍니다. 따라서, 자율주행 시대에는 이 라이다 기술이 매우 중요하게 사용될 것입니다. 자동차 회사들과 ICT 기업들에서는 차량 roof 위에 빙글빙글 돌아가는 다채널 라이다를 사용하기도 하고 그러한 다채널 라이다가 디자인을 해친다고 생각하는 기업들은 범퍼 등에 매립 가능한 소형 라이다를 사용하기도 합니다. 2018년 처음으로 아우디 A8에 독일의 ibeo 회사가 제작한 라이다 센서가 양산되어 적용되었습니다. 만약 라이다 값이 레이더 만큼 저렴해진다면 매우 폭발적으로 라이다 센서가 사용될 것입니다.

그림 13-1. 벨로다인 라이다 센서들

출처: https://www.goetting-agv.com/news/2018/goetting-partner-of-velodyne

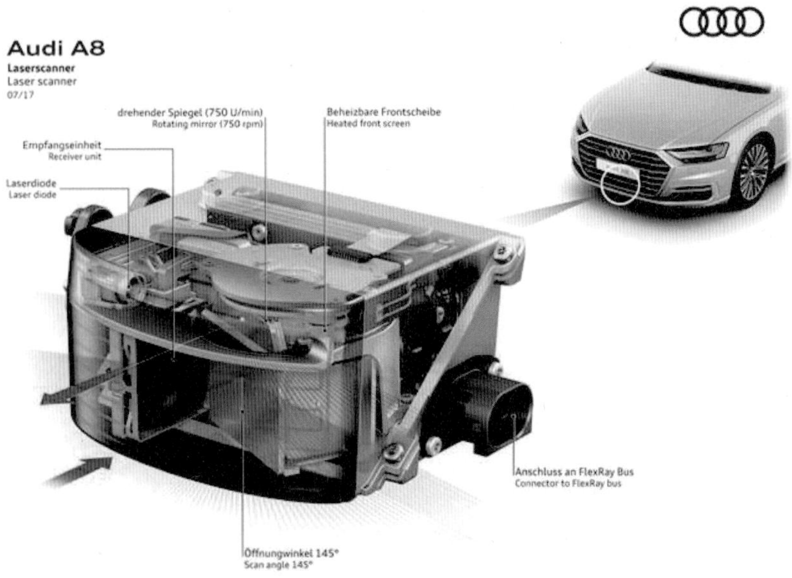

그림 13-2. 아우디 A8에 장착된 세계 최초 다채널 라이다

출처: https://www.motorauthority.com/news/1111528_heres-how-the-2019-audi-a8-will-become-the-first-level-3-self-driving-car

그림 13-3. 라이다로 센싱한 주변 환경 인식 예

출처: https://news.voyage.auto/an-introduction-to-lidar-the-key-self-driving-car-sensor-a7e405590cff

두 번째로 필요한 부품은 정밀한 GPS(Global Positioning System)와 정밀지도입니다. GPS와 지도 모두 현재 차량 및 스마트폰에서 사용하고 있으나 자율주행을 위해서는 좀더 정밀한 GPS와 지도가 필요합니다. 지도에는 차선, 연석, 표지판 등 다양한 정보가 포함됩니다. 기존 지도에는 없었던 신호등 정보, 모든 차로에 대한 정보 및 주변 고정물(건물, 베리어, 중앙분리대) 정보가 포함됩니다. 이러한 정보들은 자차의 위치가 현재 어디에 있는지 정밀하게 추측하는데 사용됩니다. 전문용어로 localization이라 부르는 이 기술은 자율주행을 위한 핵심 기술 중 하나입니다. GPS도 현재는 수십m 정도의 오차를 가지고 있는 센서가 사용되고 있으나 향후에는 DGPS(Differential GPS)나 RTK(Real Time Kinematic) 등과 같은 고정밀 항법 장치등이 사용 가능할 것으로 기대되고 있습니

다. 이러한 고정밀 센서와 정밀지도가 결합된다면 차로 수준의 서비스 및 localization이 가능하기 때문에 여러 시스템의 성능이 확장 가능하게 됩니다. 예를 들어, 1km 앞에서 좌회전이 필요한데 운전자가 1차로가 아닌 2차로로 주행하고 있다면 차량 스스로 1차로로 차로를 변경하라고 알람을 줄 수 있습니다.

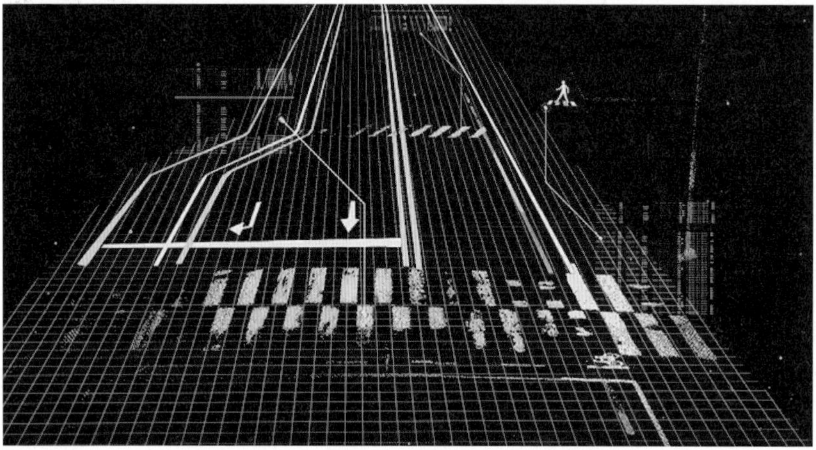

그림 13-4. 현대 mnsoft 자율주행용 고정밀 지도

출처: https://blog.hmgjournal.com/Tech/hd-map-rnd.blg

이러한 센서 외에도 자율주행을 하게 되면 사람이 운전을 하지 않게 되기 때문에 차량 내부에도 많은 변화가 예상됩니다. 예를 들면, 운전대가 자율주행 중에는 차량 내부로 사라진다던지 또는 차량 전면 유리가 커다란 모니터로 변하여 탑승자에게 여러 정보를 제공 가능합니다. 시트 또한 운전할 때의 시트와 휴식을 취할 때의 시트가 달라질 수 있습니다. 최근 벤츠에서 자율주행을 위한 컨셉카를 발표하였는데 4명의 탑승자가 기차

처럼 서로를 바라보며 얘기도 하고 쉴 수 있는 컨셉을 보여주었습니다.

그림 13-5. 자율주행 차량 내부 모습(벤츠)

출처: http://www.kama.or.kr/jsp/webzine/201610/pages/report_01.jsp

또한 차량과 차량끼리 그리고 차량과 도로 인프라끼리 통신을 가능하게 하는 V2X(Vehicle to everything) 모듈이 꼭 필요합니다. V2X는 차량끼리의 통신인 V2V(Vehicle to Vehicle) 및 차량과 인프라의 통신 V2I(-Vehicle to Infra) 그리고 차량과 보행자 사이의 통신인 V2P(Vehicle to Pedestrian)등을 모두 포함합니다. 차량의 센서만으로는 교차로 등에서 인지에 한계가 있을 수 밖에 없기 때문에 통신 기능이 꼭 필요합니다. 신호등을 인식하는 문제에서도 통신이 있다면 매우 쉽게 그리고 멀리서 녹색불인지 적색불인지 인지 가능합니다. 인지 뿐만 아니라 몇 초 후에 신호등의 신호가 바뀔지도알 수 있게 됩니다. 이러한 정보는 자율주행에서 매우 중요한 정보로 활용 가능하게 됩니다. 예를 들어, 현재 50kph로 주행 중인데 1km에 위치한 전방 교차로에서 신호등이 현재 녹색신호입니다. V2I를 통해서 10초 후에 녹색 신호가 적색 신호로 바뀔 것이라는 정보를 자율주행 차량이 받는다면 미리 현재 속도를 낮추어서 주행 가능할 것입니다.

미국이나 유럽 등에서는 V2X의 효과를 확인하기 위해서 차량 OEM들과 함께 수 백 대의 대규모 차량 통신 시험을 하고 있습니다. 여러 대의 차량에 통신 가능한 모듈을 설치하여 주행 중 통신 정보가 어떤 역할을 통해 사고를 줄이는데 기여 할 수 있는지에 대해서 확인하고 있습니다.

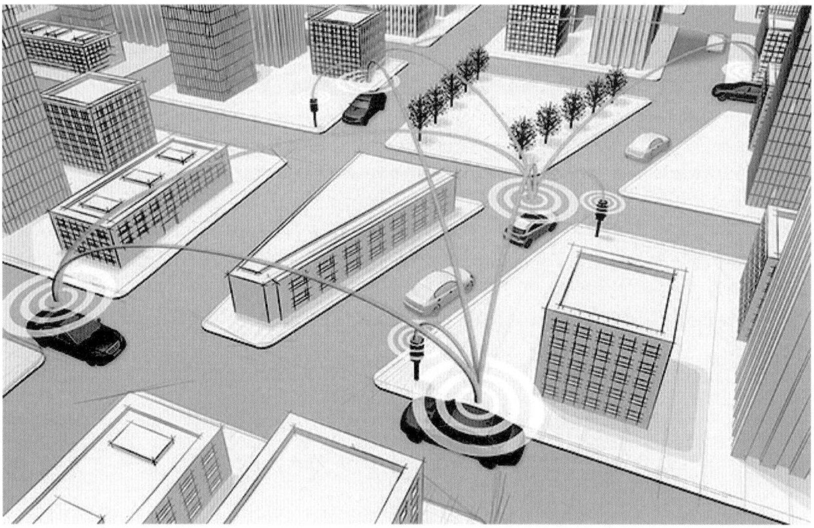

그림 13-6. V2X 통신을 통한 자율주행

출처: http://ar2014.daimler.com/consolidated-financial-statements/connected/intelligent-mobility

마지막으로 필요한 장치는 최종적으로 차량을 제어하는 조향과 가감속장치를 사람이 아닌 기계적인 신호에 의해서 제어를 해주는 장치입니다. 차량 제조사들이나 대기업의 경우 조향모터나 가감속을 제어하는 ECU에 직접적으로 핸들각도와 가속도를 전달하여 차량을 컨트롤 하지만 학교나 규모가 작은 연구소에서는 직접 조향모터나 가감속 ECU에 접근 하지 못하기 때문에 별도의 엑츄에이터를 장착하여 핸들과 악셀/브레이크를 작동합니다.

그림 13-7. 자율주행을 위한 종횡방향 엑추에이터 개조 모습

출처: 저자 편집

이렇게 기본적으로 센서, 제어기, 조향/가감속 제어장치를 장착하면 기본적인 자율주행차량으로써의 구성은 완성됩니다. 그러나, 실제로 도로에서 테스트를 진행하기 위해서는 자율주행 임시면허 인증과정에서 필요한 안전장치들과 기능들이 추가적으로 필요합니다.

14

자율주행 차량은 어떻게 교통 상황을 인지하나요?

자율주행 차량은 인간처럼 눈이나 귀 등의 인지 기관이 없기 때문에 센서라는 기구를 통해서 주변 교통 상황을 파악하게 됩니다. 첫 번째로 카메라 센서를 통해 주변 보행자, 차량, 신호등의 신호를 인지 가능합니다. 카메라로 물체를 구분하는 것에는 강점이 있으나 해당 물체까지의 정확한 거리를 알기 어렵습니다. 그래서 최근에는 인간의 눈처럼 카메라 두 대를 사용해서 물체까지의 거리를 파악하는 스테레오카메라 기술이 활발히 개발되고 있습니다.

두 번째로 해당 물체까지의 정확한 거리를 파악하기 위해서 레이더 또는 라이다 기술을 사용합니다. 두 기술 모두 특정 신호를 물체에 쏴서 반사되는 시간을 측정하여 해당 물체까지의 정확한 거리를 인지합니다. 또한 통신을 통해서도 교통상황을 파악 가능합니다. V2V라는 기술을 사용해서 차량 간 통신을 통해 서로의 위치와 속도 등을 원거리에서 알 수 있으며 V2I라는 기술을 이용하여 인프라와 차량 간에 의미 있는 정보를 주고받을 수 있습니다. 예를 들어, 신호등의 신호를 카메라로 인지하려면 카메라가 인지 가능한 100m 이내의 거리에서만 가능하지만 V2I의 통신 기술을 사용하면 몇 백m 거리에서도 신호등의 신호를 받을 수 있습니다.

또한, 신호가 몇 초 후에 다음 신호로 바뀌는지 등에 대한 유용한 정보를 얻어서 주행 전략에 반영 가능합니다. 이러한 다양한 센서 정보들을 융합하여 자율주행 차량은 교통 상황을 파악하고 그에 따른 적절한 주행 전략을 생성하여 차량을 움직입니다. 주행 전략을 사람과 비슷하게 입력할수록 자율주행 차량은 인간과 비슷하게 운전할 것입니다. 그러나 사람과 비슷하게 운전한다는 것은 그 만큼 사고의 위험성이 높아진다는 뜻이기 때문에 적절한 절충이 필요합니다. 실제로 구글에서도 자율주행 차량 개발 초기에 매우 보수적으로 주변 상황을 판단하도록 했다고 합니다. 즉, 일반 운전자보다 매우 조심스럽게 운전하는 자율주행 차량이었습니다. 그러나 주행 중에 너무 조심스럽게 운전하다보니 주변 운전자들이 경적을 울리고 교통흐름에 방해된다고 신고를 했다고 합니다. 그래서 구글 엔지니어들은 조금 더 사람처럼 판단하고 제어하도록 프로그램을 변경했습니다. 그 이후 구글 자율주행 차량은 조금 더 사람처럼 운전하기 시작했으나 사고 위험성이 더 높아졌다고 합니다. 사고 위험을 낮추기 위해 개발한 자율주행 차량이 사람처럼 운전할수록 사고 위험성이 높아지는 결과를 초래한 것입니다. 이처럼 주행 성능과 안전도 사이에는 trade-off 관계, 즉, 한쪽이 좋아지면 다른 한쪽이 좋아지지 않는 관계가 성립하게 됩니다.

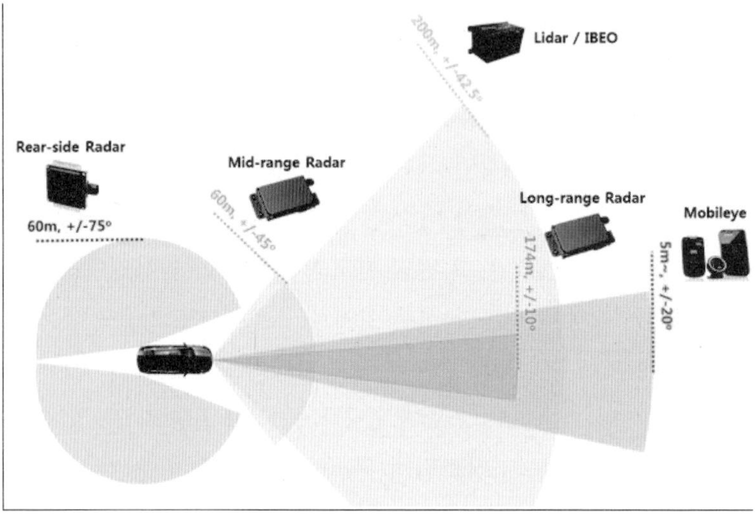

그림 14-1. 서울대 자율주행자동차 센서구성도

출처: http://www.irobotnews.com/news/articleView.html?idxno=7568

그림 14-2. 카메라 기반 주행 중 주변상황 인지 예

출처: https://m.blog.naver.com/tankun25/221288276689

그림 14-3. 라이다센서 기반 주변상황 인지 예

출처: https://cleantechnica.com/2015/01/23/ford-throws-down-autonomous-vehicle-glove/

현재의 인지 기술은 정상적인 주행 환경에서는 대부분의 교통 상황을 이해하고 안정적으로 주행 가능한 수준입니다. 그러나 특정한 상황, 즉, 도로가 공사 중인 상황은 아직 자율주행 차량이 완벽하게 인지하기 어렵습니다. 그러한 상황에서 예를 들어 경찰관이 수신호를 통해 교통 흐름을 통제하고 있다면 보통의 운전자들은 경찰관의 수신호를 이해하고 그에 따라 주행을 하겠지만 자율주행 차량이 경찰관의 수신호를 이해하기는 쉽지 않습니다. 먼저 수신호를 하는 사람이 경찰관인지 파악해야 하고 해당 수신호가 정지하라는 신호인지 주행하라는 신호인지도 분류해야 하기 때문입니다. 최근에는 카메라나 라이다 센서를 사용하여 이러한 특정한 상황도 이해하려는 시도가 수행되고 있으니 아마도 몇 년 후에는 대부분의 상황에 대해서 자율주행 차량이 이해하고 주행 가능할 것입니다.

15
스마트폰처럼 고장나면 어떻게 되나요?

여러분이 사용하고 있는 스마트폰이 사용도중 갑자기 멈춰버리거나 혼자서 재부팅 되는 현상을 보신 적이 있나요? 저도 스마트폰을 2년 넘게 사용하다보니 종종 그러한 현상을 목격하게 됩니다. 그럴 때 우리는 '이제 스마트폰을 바꿀 때가 되었군'이라는 생각을 하며 다시 기기를 껐다 켜는 수고를 감수하곤 합니다. 물론 스마트폰을 구입한지 얼마 되지 않았을 때에 그러한 일이 발생한다면 바로 A/S 센터를 찾아가서 수리 또는 교환을 받을 것입니다. 이처럼 스마트폰은 잠시 꺼지거나 고장이 발생해도 조금 불편할 뿐 일상생활에 큰 문제는 없습니다. 그러나 자율주행 차량을 조종하는 컴퓨터가 멈춰버리거나 혼자서 재부팅 된다면 어떨까요? 아마 생각하기도 싫은 큰 교통 사고가 일어날 가능성이 높을 것입니다. 운전자가 바로 대응하여 수동으로 운전을 하면 다행이겠지만 그 당시 운전자가 잠을 자고 있거나 다른 행동을 하고 있다면 바로 돌발 상황에 대응하기 어려울 것이기 때문입니다.

그림 15-1. 우버 자율주행 차량의 사고 모습

출처: https://bgr.com/2018/06/22/uber-self-driving-car-crash-arizona-hulu-logs/

대부분의 시스템이 생산보다 생산 후 유지보수에 더욱 많은 비용이 필요하다고 합니다. 자율주행 차량도 마찬가지 입니다. 위와 같은 일이 벌어지지 않게 하기 위해서 제조사측은 fail/safe 관련 기능을 고려하여 제품을 생산합니다. 이 fail/safe란 어떠한 제품이 고장이나 원하는 기능을 수행할 수 없을 때를 대비하여 미리 설계하는 것을 말합니다. 기능안전이라고도 얘기하는 부분입니다. 예를 들어, 자율주행 차량이 고속도로에서 주행 중에 카메라 센서가 갑자기 고장 나서 전원이 꺼졌다고 가정하겠습니다. 카메라가 꺼졌으니 주변 차선 및 전방 차량들을 더 이상 카메라로 인지하지 못하게 됩니다. 게다가 시간이 지나도 카메라 전원은 다시 들어올 생각을 하지 않습니다. Fail/safe 기능이 없다면 해당 시스템은

차선과 주변 차량들을 카메라로 인지하지 못한 채 불안한 주행을 계속하다가 큰 사고가 일어나고 말 것입니다. 그러나 fail/safe기능이 장착된 차량은 카메라 신호가 일정 시간동안 들어오지 않는 것을 인지하고 시스템에 바로 카메라 fail 신호를 발생시킵니다. 즉시, 카메라 센서를 제외한 다른 센서들 즉, 레이더, 라이다 센서등이 카메라 센서를 대신하게 됩니다. 물론 카메라 센서를 완전히 대체할 수 없기에 계속되는 주행은 무리입니다. 따라서, 차량은 고속도로 주변 휴게소나 갓길, 졸음 쉼터 등을 찾아서 차량을 안전하게 정차시킵니다. 물론, 탑승자에게는 센서 이상으로 비상정차 한다는 메시지와 경고를 알려줍니다. 탑승자가 원한다면 수동운전으로 변경하여 계속 주행도 가능합니다.

이처럼 자율주행 차량은 잠시의 고장도 큰 사고로 이어질 수 있기 때문에 매우 엄격한 기능안전 설계가 필요합니다. 하드웨어의 고장이 발생할 수도 있기에 하드웨어를 이중화 시키는 방법도 적용 가능합니다. 자율주행 시스템은 특히 기존 ADAS 등의 시스템보다 훨씬 복잡하고 여러 컴퓨터들을 사용하는 시스템이기 때문에 더욱 이러한 기능안전이 필요합니다. 앞으로는 기능안전 관련된 산업이 점점 부각될 전망입니다.

그림 15-2. ISO 26262 표준

출처: https://www.sae.org/news/video/content/11218/

16
사용 중 주의사항은 무엇이 있을까요?

보통 우리가 전자제품, 예를 들어 스마트폰을 구매하게 되면 먼저 이것저것 눌러보고 실행해보면서 방법을 익히는 것이 보통입니다. 그렇다면 자율주행 차량도 마찬가지일까요? 만약, 주행 중에 자율주행 차량 버튼 조작을 배우기 위해 이것저것 눌러본다면 매우 위험한 상황이 될 수도 있기에 그러한 방법은 올바르지 않고 안전하지도 않습니다. 자율주행을 사용하려면 먼저, 해당 시스템에 대해 정확히 파악할 필요가 있습니다. 구매한 시스템에 대한 가장 정확한 정보는 당연히 제조사에서 제공한 매뉴얼에 명시되어 있습니다. 제조사의 매뉴얼을 보면 어떻게 해야 자율주행 시스템이 작동하는지, 어떠한 경우에 해제되는지 등이 아주 자세하게 기록되어 있습니다. 특히, 해당 자율주행 시스템이 작동하기 어려운 조건들, 그리고 오작동 가능한 환경들에 대한 매우 자세한 설명이 있습니다. 예를 들어, 1페이지 내용이 기능 동작에 대한 내용이라면 오동작, 미동작에 대한 내용은 10페이지 정도로 자세히 적혀있습니다. 따라서 사용자는 특히, 자율주행에 관련된 매뉴얼을 정확히 정독하고 내용을 습득할 필요가 있습니다.

또한, 본인 자율주행 차량의 센서 인지 범위를 확인하고 해당 자율주행 기능이 SAE 기준 레벨 1~5 중 몇 단계에 해당하는지 판단할 수 있어야 합니다. 보통, 제조사들이 레벨 3이라 홍보하지만, 실제 센서 인지 범위나 매뉴얼을 살펴보면 레벨2 정도에 머무는 일이 발생하기 때문입니다. 레벨 2와 레벨 3은 사용자가 유의해야 할 사항이나 제약 사항들이 달라지기 때문에 꼭 명확히 확인할 필요가 있습니다. 테슬라 오토파일럿 기능 사용 중 사망한 사고도 운전자가 생각하는 자율주행 레벨과 제조사가 생산한 기능 레벨이 달랐기 때문에 발생한 사건이었습니다. 운전자는 오토파일럿이 레벨 4의 자율주행 기능이라고 믿고 사용했지만 실제로 오토파일럿의 기능과 센서 범위는 레벨 2정도에 불과했습니다. 레벨 2에서는 사용자는 항상 전방을 주시해야하며 문제가 발생했을 때에 즉시 운전 제어권을 넘겨받을 수 있어야 합니다. 그리고 절대로 시스템을 전적으로 신뢰해서는 안됩니다. 레벨 2는 단지 부분적인 자율주행 편의 기능이기 때문입니다. 반면에, 레벨 4는 특정 환경(ODD)하에서는 시스템이 모든 것을 제어하기 때문에 사용자와의 제어권 천이가 필요 없다는 특징이 있습니다. 사용자는 다른 일을 해도 되며 전방 주시의 의무가 없습니다. 친구와 문자를 보내도 되고 영화를 시청해도 상관없습니다. 이처럼, 레벨에 따라서 사용자가 취할 수 있는 행동이 전혀 다르기 때문에 본인이 사용하는 자율주행 기능 레벨을 확인하는 것이 꼭 필요합니다.

매뉴얼에는 자율주행 기능 사용 시, 주의해야 할 점들이 비교적 명확하게 명시되어 있습니다. 예를 들면, 언덕길이나 내리막에서 전방 차량을 오인식해서 갑작스런 제동이나 가속이 발생할 수 있거나, 도심 도로에서 보행자를 제대로 인식하지 못할 수 있다는 등의 자세한 사항들이 명시되어 있습니다. 사용자는 이러한 여러 제약 사항들에 대해서 꼼꼼히 읽어보고 자율주행 기능을 사용해야지만 심각한 사고를 피할 수 있을 것입니다. 최근 출시되고 있는 자율주행 기능들은 대부분 레벨2 수준이라고 생각하시면 됩니다. 매뉴얼에 절대로 레벨이 몇이다 라고 명시하지는 않지만, 항상 전방을 주시하고 언제든지 운전자가 제어권을 넘겨받을 수 있도록 준비해야 한다라는 문구가 있으면 모두 레벨2 수준이라고 생각하시는 것이 좋습니다. 레벨 2 기능을 레벨 3이라고 홍보해도 아직까지는 레벨 표준이 없기에 어느 누구도 법적으로 재제할 수 없기 때문입니다. 그렇기에 더욱 사용자가 현명하게 판단하고 이해한 후 사용하는 것이 바람직합니다.

시동 및 주행

긴급제동 보조 시스템(AEB) 사양 적용시

충돌을 피하거나 충돌 위험을 줄여주기 위한 장치로, 거리 감지 센서(레이더+카메라)를 통하여 전방 차 또는 보행자와의 거리를 미리 인식하여 충돌 위험 단계에 따라 경고문 표시, 경고음 등으로 충돌위험을 운전자에게 알려주고, 브레이크 제어력을 향상 시키며 탑승자를 보호합니다.

※ AEB 는 Autonomous Emergency Braking 의 약자입니다.

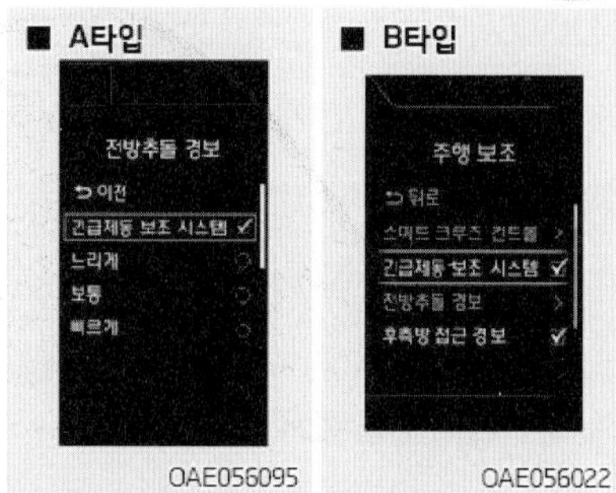

그림 16-1. 현대자동차 아이오닉 사용자 매뉴얼(AEB)

출처: 현대자동차 아이오닉 사용자 매뉴얼

■ 차간거리 감지 센서(전방 레이더)

전방의 차량을 감지하여 차간거리를 유지시켜 주는 센서입니다. 센서 커버 또는 센서에 눈, 비 또는 이물질이 묻으면 센서의 감지성능이 저하되어 긴급제동 보조 시스템이 일시 해제되며, 해제되기 이전까지 정상 동작 하지 않을 수 있습니다. 항상 청결을 유지하십시오.

그림 16-2 현대자동차 아이오닉 사용자 매뉴얼(전방레이더)

출처: 현대자동차 아이오닉 사용자 매뉴얼

■ 제한 사항

긴급제동 보조 시스템(AEB)은 위험도가 높은 특정한 주행 상황에서 운전자를 보조하는 장치이며 모든 위험 상황을 책임지지 않습니다. 시스템은 레이더 및 카메라 센서에 의해 주행 상황을 감지하며 레이더 및 카메라 센서의 성능을 넘어서는 주행 상황의 경우 성능이 저하될 수 있습니다. 다음과 같은 경우에는 긴급제동 보조 시스템이 제대로 반응하지 않거나 예기치 않은 시스템 작동이 발생 할 수 있으므로 운전자의 주의가 필요합니다.

- 차량 감지 어려운 조건
  - 레이더 및 카메라가 오염되거나 차단된 경우
  - 눈이나 비가 많이 오는 경우
  - 다른 전자파에 의한 간섭이 발생된 경우
  - 레이더 난반사가 심한 지형의 경우
  - 비포장도로 및 요철로나 경사가 급격히 변하는 구간 등 험로를 통과할 경우
  - 공사구간이나 철로, 기타 금속제 물체가 도로상에 있는 경우
  - 전방 물체의 폭이 좁은 경우(모터 사이클, 자전거 등)
  - 역광, 반사광, 어둠 등 카메라의 시야확보가 어려운 상황인 경우
  - 카메라 영상에 차량 전체가 포함 되지 않는 경우
  - 앞차량이 특수 차량 및 특이 형태 짐을 실은 트럭, 트레일러 차량 등 일 경우
  - 야간에 전방 차량의 후미등이 없거나 비대칭 및 장착 위치가 특이한 경우
  - 터널 진/출입 시 조도 변화가 큰 상황인 경우
  - 차량 거동이 불안정한 경우
  - 기타 레이더 또는 카메라 센서 인식이 한계 상황인 경우
  - 지하주차장 및 실내에서 차량이 주행 중인 경우

그림 16-3. 현대자동차 아이오닉 사용자 매뉴얼(AEB 제한사항)

출처: 현대자동차 아이오닉 사용자 매뉴얼

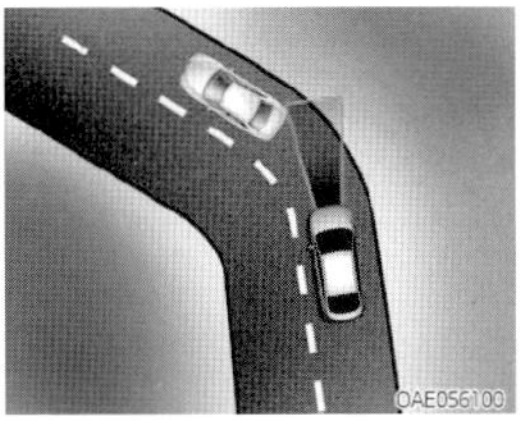

- 커브 길
  커브 길에서는 같은 차로에 있는 차량을 인식하지 못해 긴급제동 보조 시스템(AEB)의 성능이 저하되어, 불필요한 경보 및 제동을 하거나 경보 및 제동을 하지 않을 수 있습니다.
  커브 길에서는 전방 도로상황 및 주행상태를 확인하고 필요하면 브레이크 페달을 밟아 직접 속도를 조절하십시오

커브 길에서는 다른 차로에 있는 차량을 인식하여 긴급제동 보조 시스템(AEB)이 작동하여, 불필요한 경보 및 제동을 할 수 있습니다. 전방 도로상황 및 주행 상태를 확인하고 필요하면 브레이크 페달을 밟아 직접 속도를 조절하십시오.
이 경우 가속 페달을 밟아 불필요한 감속을 방지할 수 있습니다. 주위의 교통 상황을 확인한 후 사용 하십시오.

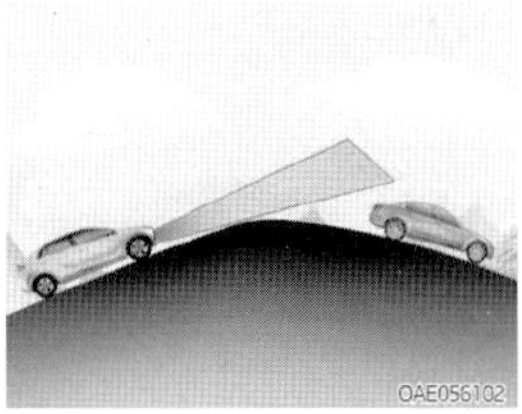

- 경사가 있는 길
  오르막길이나 내리막길에서는 같은 차로에 있는 차량을 인식하지 못해 긴급제동 보조 시스템(AEB)의 성능이 저하되어, 불필요한 경보 및 제동을 하거나 경보 및 제동을 하지 않을 수 있습니다.
  또한 선행차량을 갑자기 인식하여 속도가 빠르게 감속될 수 있습니다.
  오르막길이나 내리막길에서는 전방 도로 상황 및 주행상태를 확인하고 필요하면 브레이크 페달을 밟아 직접 속도를 조절하십시오.

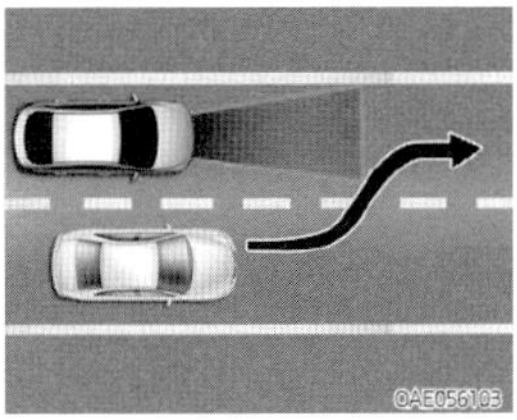

- 차선 변경 할 때
  옆 차로의 차량이 같은 차로로 차선 변경할 때 센서의 감지 범위 안으로 들어올 때까지 전방의 차량을 인식하지 못할 수 있습니다. 갑자기 끼어드는 차량은 센서가 늦게 인식할 수 있으니, 항상 주의를 기울이십시오.

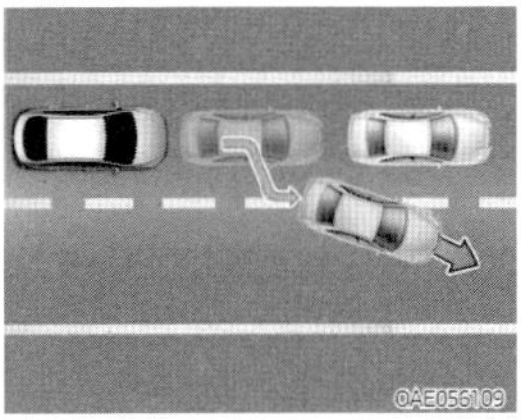

정지 유지 상태에서 앞 차량이 빠져 나가는 경우, 정지 차량을 인지하지 못하여 충돌 위험이 있을 수 있으니 주의하십시오.

- 차량 인식
  차고가 높은 차량 또는 적재물이 차량 후면으로 돌출되어 있는 경우, 위험 상황이 발생할 수 있으므로 주의하십시오.

그림 16-4. 현대자동차 아이오닉 사용자 매뉴얼(AEB 제한사항 그림설명)

출처: 현대자동차 아이오닉 사용자 매뉴얼

- 보행자 감지 어려운 조건
  - 보행자 신체가 가려지거나 직립 보행하지 않는 보행자인 경우
  - 빠른 속도로 이동하는 보행자인 경우
  - 보행자가 갑자기 끼어든 경우
  - 배경과 유사한 색상 옷을 입은 보행자인 경우
  - 주변 조도가 너무 높거나 낮은 경우
  - 야간 또는 주변이 어두운 경우
  - 사람과 유사하게 생긴 구조물인 경우
  - 키가 작은 보행자인 경우
  - 보행자 거동이 불안정한 경우
  - 주변 환경과 보행자를 구분하기 어려운 경우
  - 기타 환경이 센서 인식 한계 상황인 경우
  - 여러 명의 사람이 모여있는 경우

⚠ 경 고

- **다른 차량이나 트레일러를 견인할 경우, 계기판의 메뉴설정을 이용하여 긴급제동 보조 시스템(AEB)을 해제하십시오. 견인 상황에서 브레이크 제어시 차량의 안전성이 떨어집니다.**
- **앞 차량의 차고가 높거나 적재물이 차량 후방으로 돌출되어 있는 경우, 위험상황이 발생할 수 있으므로 주의하십시오.**
- **센서는 보행자를 감지하기 때문에 보행자가 끌거나 미는 카트, 자전거, 이륜차, 여행가방, 유모차 등에는 작동하지 않습니다.**
- **긴급제동 보조 시스템은 모든 상황에서 작동하지 않습니다. 따라서, 절대로 사람이나 사물에 대해 시험하지 마십시오. 심각한 부상이나 사망에 이를 수 있습니다.**

⚠ 주 의

강한 전자파에 의해 시스템이 순간적으로 해제 될 수 있습니다.

그림 16-5. 현대자동차 아이오닉 사용자 매뉴얼(AEB 보행자감지 조건)

출처: 현대자동차 아이오닉 사용자 매뉴얼

17

운전자 보조 시스템이 자율주행인가요?

첨단 운전자 보조 시스템이란 ADAS(Advanced Driver Assistance System)란 용어로 불리우며 최근 양산된 차량에 옵션으로 다양하게 장착 가능합니다. 대표적으로 전방 차량과 차간 거리를 자동으로 제어해주는 SCC(Smart Cruise Control), 전방 정지 차량 또는 보행자 등이 있을 때에 경고 후 자동으로 제동을 해주는 AEB(Autonomous Emergency Braking) 시스템이 종방향 속도 관련된 ADAS 시스템입니다. AEB 시스템의 경우, 현대자동차에서 2018년 승용차량 생산분에 대해서 기본 옵션으로 장착하겠다고 선언하는 등 점차 많은 차량에 기본으로 장착되고 있으며 장착시에 사고 저감 효과도 높은 것으로 알려져 있습니다. 횡방향 조향 관련된 대표적인 ADAS 기능은 차선을 벗어나려 하면 경고를 해주는 LDWS(Lane Departure Warning System), 경고 뿐만 아니라 조향휠을 반대로 조작해주는 LKA(Lane Keeping Assist) 등이 있습니다. 이러한 기능들이 차량에 장착되어 있다면 자율주행 SAE 기준 레벨 1 수준이라고 볼 수 있습니다. SCC와 LKA가 융합되면 고속도로에서 차로 유지를 자동으로 해주는 HDA(Highway Driving Assist) 기능으로 발전 가능합니다. 이 기능은 SAE 기준 레벨2 에 해당합니다.

즉, 운전자 첨단 보조 시스템인 ADAS 가 결합되고 발전하여 범위가 증가하면 자율주행 시스템으로 발전 가능한 것입니다. 별개의 기능들이 결합되면 결국 자율주행 시스템의 일부로서 기능 하는 것입니다. 따라서, 최근의 ADAS 기능들이 양산 차량에 점차 폭넓게 적용되고 있다는 것은 향후 자율주행 시대를 위한 좋은 모습이라고 생각합니다. 사용자들이 ADAS 기능을 사용해보고 그 효용성을 체감한다면, 자율주행에 대한 수용성 역시 높아질 것이고 기대감 또한 높아질 것이기 때문입니다.

필자가 생각하는 자율주행 시대로 가는 장벽 중 가장 중요한 것은 그것을 사용하는 사용자들의 수용성이라고 생각합니다. 아무리 좋은 기술을 엔지니어들이 만들었다 해도 사람들이 사용하기 원하는 기술이 아니라면 무용지물일 것입니다. 엔지니어들은 자율주행 시스템을 만들 때에 운전자들의 사용성과 수용성, 편의성 등을 연구하고 그 결과를 시스템에 반영하여 개발해야 합니다. 간혹, 사용자가 원하는 시스템을 만드는 것이 아니라 엔지니어들이 원하는 시스템을 만드는 경우가 많은데 그것은 결코 올바른 방향이라고 볼 수 없습니다. 자동차 회사의 평가팀에 근무하는 지인에게 문의해본 결과, 양산된 ADAS 기능 중 가장 소비자 반응이 좋은 기능은 후측방 충돌 경고 시스템인 BSD(Blind Spot Detection)이었습니다. 이 기능은 후측방 특히, 사이드미러로 보이지 않는 사각지대에 차량이 존재하는지 운전자에게 알려주는 기능입니다. 보통 사이드미러에 아이콘을 장착하여 위험한 차선 변경을 방지해줍니다. 이러한 BSD 기능은 자율주행에서도 차선 변경을 위한 위험도 판단에 꼭 필요한 기능입니다.

그림 17-1. Blind Spot Detection 기능 예

출처: https://www.drivenss.com/blind-spot-detection-systems/

18
전 세계적으로 법이나 규제를 만들고 있나요?

자율주행 관련된 법이나 규제는 현재 전 세계적으로 매우 활발하게 추진되고 있습니다. 아직까지는 제도 도입 초창기이기 때문에 여러 나라, 여러 기관에서 주도권을 가지고 가기 위해서 활발하게 진행 중입니다. 여기서는 다양한 법과 규제 관련된 내용을 소개하도록 하겠습니다.

먼저 미국의 경우, 여러분이 아시다시피 주(州)별로 법이 모두 다릅니다. 따라서 주 별로 자율주행을 허용하는 곳도 있고 불법으로 규정한 곳도 있으며 현재 고려중인 주도 있습니다. 대표적으로 캘리포니아, 네바다, 미시건, 플로리다 주 등이 자율주행을 합법화 하였으며 텍사스 주 같은 경우 불법으로 선언하였습니다. 하와이, 뉴햄프셔, 오레곤, 콜로라도 주 등은 법안 심사 중입니다. 각 주들의 공통사항은 자율주행은 가능하지만 운전석에 사람이 타지 않는 무인주행은 불가능하다는 입장입니다. 즉, 구글의 웨이모에서 개발중인 조향휠과 페달이 없는 자율주행 차량은 도로 운행이 불가능하다는 것입니다. 그러나 이 조항은 최근 소프트웨어도 운전자로 인정 가능하다는 법안이 통과되어 주행이 가능하도록 변경되었습니다. 또한, 공공도로에서의 시험운행 계획을 보고해야 하며 연말에 일년 동안 운행한 자율주행 보고서를 제출해야하는 의무가 있습니다.

해당 보고서에는 언제, 어디서 자율행 모드로 주행을 했으며 날씨, 도로 상황 등을 상세히 기록해야합니다. 또한, 자율주행 기능 중 운전자가 개입을 했다면 왜, 어떤 이유로 자율주행에서 수동모드로 제어권을 천이 했는지 명확하게 기록해야 합니다.

보고서를 보면, 전 세계에서 구글이 가장 투명하게 주정부 DMV(Department of Moter Vehicles)에 보고를 하고 있고 테슬라가 가장 부실하게 보고를 하고 있습니다.

그림 18-1. 미국 주(州) 별 자율주행 임시면허 발급 현황

출처: https://www.slideshare.net/ssuserbd0159/ss-60193060

Reporting Year	2015	2016
Autonomous miles on public roads in California	424,331	635,868
Reportable disengages	341	124
Disengagements per 1,000 miles	**0.80**	**0.20**

그림 18-2. 웨이모의 california DMV report(전체주행거리 및 개입회수)

출처: California DMV report

Appendix A
Summary of Each Reportable Disengagement

Date	Location	Type	Time to manual	Cause
Dec 2015	Street	Failure Detection	0.1s	Disengage for a software discrepancy
Dec 2015	Street	Safe Operation	-	Disengage for weather conditions during testing
Jan 2016	Street	Safe Operation	-	Disengage for incorrect behavior prediction of other traffic participants
Jan 2016	Street	Safe Operation	-	Disengage for unwanted maneuver of the vehicle
Jan 2016	Street	Safe Operation	-	Disengage for unwanted maneuver of the vehicle
Jan 2016	Street	Safe Operation	-	Disengage for a perception discrepancy
Jan 2016	Street	Safe Operation	-	Disengage for a perception discrepancy
Jan 2016	Street	Safe Operation	-	Disengage for a perception discrepancy
Feb 2016	Street	Safe Operation	-	Disengage for unwanted maneuver of the vehicle
Feb 2016	Street	Safe Operation	-	Disengage for a recklessly behaving road user
Feb 2016	Street	Safe Operation	-	Disengage for unwanted maneuver of the vehicle
Feb 2016	Street	Safe Operation	-	Disengage for a perception discrepancy
Feb 2016	Street	Safe Operation	-	Disengage for unwanted maneuver of the vehicle
Feb 2016	Highway	Safe Operation	-	Disengage for unwanted maneuver of the vehicle
Feb 2016	Street	Safe Operation	-	Disengage for a software discrepancy
Mar 2016	Street	Safe Operation	-	Disengage for a perception discrepancy
Mar 2016	Street	Safe Operation	-	Disengage for emergency vehicle during testing
Mar 2016	Street	Safe Operation	-	Disengage for emergency vehicle during testing
Mar 2016	Street	Failure Detection	1.7s	Disengage for a software discrepancy
Mar 2016	Street	Failure Detection	1.3s	Disengage for a software discrepancy
Mar 2016	Street	Failure Detection	1.0s	Disengage for a software discrepancy
Mar 2016	Highway	Failure Detection	1.1s	Disengage for a software discrepancy
Apr 2016	Street	Failure Detection	1.2s	Disengage for a software discrepancy
Apr 2016	Street	Failure Detection	1.1s	Disengage for a software discrepancy
Apr 2016	Street	Safe Operation	-	Disengage for unwanted maneuver of the vehicle
Apr 2016	Street	Safe Operation	-	Disengage for a perception discrepancy
Apr 2016	Street	Failure Detection	0.6s	Disengage for a software discrepancy
Apr 2016	Street	Safe Operation	-	Disengage for unwanted maneuver of the vehicle

그림 18-3. 웨이모의 california DMV report(날짜별 개입원인 상세내용)

출처: California DMV report

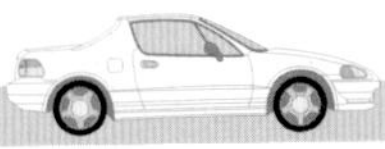

VIN	Date	Time to Take Over (s)	Cause for Disengagement	Road Class	Weather
5YJXCCE43GF017809	10/17/2016	< 0.2	Planner Output Invalid	Suburban Road	Dry Road
5YJXCCE43GF017809	10/16/2016	< 0.2	ACC Cancel	Unknown	Wet Road
5YJXCCE43GF017809	10/16/2016	4.4	Planner Output Invalid	Unknown	Wet Road
5YJXCCE43GF017809	10/16/2016	0.8	Planner Output Invalid	Unknown	Wet Road
5YJXCCE43GF017809	10/16/2016	< 0.2	Planner Output Invalid	Unknown	Wet Road
5YJXCCE43GF017809	10/16/2016	0.3	Follower Output Invalid	Suburban Road	Wet Road
5YJXCCE43GF017809	10/16/2016	1.4	Follower Output Invalid	Unknown	Wet Road
5YJXCCE43GF017809	10/16/2016	1.3	Follower Output Invalid	Unknown	Wet Road
5YJXCCE43GF017809	10/16/2016	0.7	Follower Output Invalid	Unknown	Wet Road
5YJXCCE43GF017809	10/16/2016	1.3	Follower Output Invalid	Suburban Road	Wet Road
5YJXCCE43GF017809	10/16/2016	0.4	Follower Output Invalid	Suburban Road	Wet Road
5YJXCCE43GF017809	10/16/2016	3.2	Follower Output Invalid	Unknown	Wet Road
5YJXCCE43GF017809	10/16/2016	0.5	Follower Output Invalid	Unknown	Wet Road
5YJXCCE43GF017809	10/16/2016	< 0.2	Follower Output Invalid	Unknown	Wet Road
5YJXCCE43GF017809	10/16/2016	3.1	Follower Output Invalid	Suburban Road	Wet Road
5YJXCCE43GF017809	10/16/2016	< 0.2	Follower Output Invalid	Suburban Road	Wet Road
5YJXCCE43GF017809	10/16/2016	0.8	Follower Output Invalid	Suburban Road	Wet Road
5YJXCCE43GF017809	10/16/2016	0.3	Follower Output Invalid	Suburban Road	Wet Road
5YJXCCE43GF017809	10/16/2016	0.5	Follower Output Invalid	Arterial Road	Wet Road
5YJXCCE43GF017809	10/16/2016	0.9	Follower Output Invalid	Arterial Road	Wet Road
5YJXCCE43GF017809	10/16/2016	< 0.2	Follower Output Invalid	Suburban Road	Wet Road
5YJXCCE43GF017809	10/16/2016	0.2	Follower Output Invalid	Suburban Road	Wet Road
5YJXCCE43GF017809	10/16/2016	3.1	Follower Output Invalid	Suburban Road	Wet Road
5YJXCCE43GF017809	10/16/2016	0.9	Follower Output Invalid	Suburban Road	Wet Road
5YJXCCE43GF017809	10/16/2016	< 0.2	Follower Output Invalid	Suburban Road	Wet Road
5YJXCCE43GF017809	10/16/2016	2.3	Follower Output Invalid	Suburban Road	Wet Road
5YJXCCE43GF017809	10/15/2016	0.3	Planner Output Invalid	Suburban Road	Wet Road
5YJXCCE43GF017809	10/15/2016	1.9	Follower Output Invalid	Suburban Road	Wet Road
5YJXCCE43GF017809	10/15/2016	0.7	Follower Output Invalid	Suburban Road	Wet Road
5YJXCCE43GF017809	10/15/2016	2.4	Follower Output Invalid	Suburban Road	Wet Road
5YJXCCE43GF017809	10/15/2016	0.7	Follower Output Invalid	Suburban Road	Wet Road

그림 18-4. 웨이모의 california DMV report(차량별 개입원인 상세내용)

출처: California DMV report

유럽(EU)의 경우에는 좀더 철학적인 접근을 하고 있습니다. 내용을 살펴보면 다음과 같습니다. ETSC(유럽 교통 안전 위원회)는 인간은 실수를 할 수 있으므로 그 실수를 반드시 예측하고, 그로 인한 심각한 결과의 위협을 최소화하여야 한다고 말하고 있습니다. 또한 교통사고에 따른 사망이나 상해에 대한 책임을 운전자뿐만 아니라 자동차 제조업체나 사회기반시설의 관리자들이 함께 부담해야 한다고 주장하고 있습니다. 여기서 자율주행자동차는 미래의 책임 공유에 관한 발전된 방향을 제시할 수 있을 것이라고 보고있습니다. 유럽에서 12가지의 다양한 자율주행자동차 관련 시스템을 조사한 eImpact 프로젝트는 이들 시스템을 모두 결합하면 교통사고 사망률을 50%까지 줄일 수 있을 것이라고 추정하고 있습니다. 그리고 2013년 공동 리포트 “Roads that cars can read”에서 EuroRAP과 EuroNCAP은 차선 시작 경고 및 교통신호 표시와 같은 도로 표시 및 교통 신호의 부적절한 유지보수가 자율주행자동차 기술의 효과적인 활용에 있어 주된 장애물이라는 사실을 규탄하기도 했습니다. 참고로 ETSC의 자율주행차 권고사항은 다음과 같습니다.

① 단기적으로 인명구조 효과를 낼 수 있는 1단계 및 2단계 도입 우선시
② 자율주행자동차 승인을 위해 운전면허 시험과 동등한 수준의 시험 실시
③ 경고 및 개입에 있어 내외부적으로 명확한 HMI 개발
④ 상호작용 계획 표준화(경고를 보내도 천이가 안될 경우 최소수준의 안전 장치 필요)
⑤ 테스트 및 자율주행자동차 보급기간 동안 일반 차량과의 사고조사 등 모니터링 필요
⑥ 부분 또는 완전자율주행차를 위한 명확한 처선표시와 교차로의 조절과 같은 요건들을 포함하기 위해 기반기설 안전관리 규정 개정

⑦ 기술발전에 따라 정기적으로 업데이트 되는 ADAS 시스템 포함을 위해 운전면허 규정의 개정을 고려함

⑧ 훈련과정의 개발을 포함하는 운전자 연구방법을 조정하여 운전자들이 언제, 어떻게 자동화의 특성을 이용할 것인지에 대한 실제 지식을 얻고 기술의 기초와 이점 및 한계를 이해할 수 있도록 함

자율주행차량에서의 가장 중요한 법규 검토사항은 Vienna 협약입니다. 1968년 UN 유럽경제위원회에 따라 회원국들이 참여해 교통안전 규제와 교통법의 주요 원칙에 관해 이룬 협약으로, 본 협약에 따르면 자율주행자동차의 운행이 불가능하기 때문에 개정에 대한 움직임이 계속해서 있어왔습니다. 특히, 본 협약은 운전자가 항상 차량이나 동물에 대한 통제를 유지해야 한다고 규정하고 있고, 이와 같은 오래된 조항에 있어 새로운 합의를 이루고자 하고 있습니다. 그에 따라 2014년에는 부분적인 자율주행시스템이 적용 가능하도록 법안이 개정되었습니다. 그 이후, 2016년 3월 자율주행자동차 운행을 위하여 새로운 개정안이 발표되었습니다. 그 내용은 다음과 같습니다.

- 자율주행시스템이 운전자에 의해 중단되거나 종료될 수 있는 한, 차량 스스로 운전하는 것을 허용함
- 운전자는 반드시 운전석에 앉아 있어야 하고 언제든 차량을 조종할 수 있어야 함

〈표 2〉 비엔나 협약 중 주요 조항 예시

조항	내용
8조: 운전자	1항. 모든 이동하는 차량(vehicle) 또는 집합적 차량(combination of vehicles)에는 운전자가 있어야 함.
	3항. 모든 운전자는 필요한 신체적, 정신적 능력을 소유하고 있어야 하며, 운전시에 적합한 신체적, 정신적 상태에 있어야 함.
	5항. 모든 운전자는 항상 차량을 제어하거나 동물을 가이드 할 수 있어야 함.
13조: 속도 및 차간거리	1항. 모든 차량의 운전자는 적절한 주의를 기울이고, 필요한 운전조작을 하기 위해 모든 상황에서 차량을 통제하에 두어야 한다. 운전자는 지세, 도로 상태, 적재 상태, 날씨 상태, 교통 상태와 같은 환경에 지속적으로 주의를 기울여 속도를 조절해야 하고, 가시성이 좋지 않을 때 속도를 늦추거나 멈추어야 함.
	5항. 다른 차량의 뒤에서 이동하는 차량의 운전자는 충돌을 회피하기 위해 충분한 거리를 두어야 함.

그림 18-5. 비엔나 협약 주요 조항(차량 관련)

출처: http://itreport.tistory.com/archive/20170721

일본은 자율주행자동차 테스트를 위한 규제 완화 및 제도 개정 중에 있으며 2017년 말 자율주행자동차 도로 테스트 관련 도로 교통법상 규제 검토를 완료하였습니다. 2020년 도쿄올림픽 개최에 맞춰서 자율주행자동차 상용화 추진 후, 자율주행 버스 및 택시를 운영해 이를 대대적으로 홍보할 계획입니다. 이를 위해, 2020년까지 고속도로에 자율주행자동차 전용차선 구축방안을 확정할 예정이라고 알려져 있습니다.

그림 18-6. 일본 자율주행차 상용화 방안

출처: http://news.hankyung.com/article/2016032859811

국내에서는 산업통상자원부에서 미래 자동차 경쟁력 확보를 위해 자율주행자동차 기반 구축을 위해 노력하고 있으며, 2015년 3월 3단계 추진 전략을 공개한 바 있습니다. 해당 내용은 다음과 같습니다.

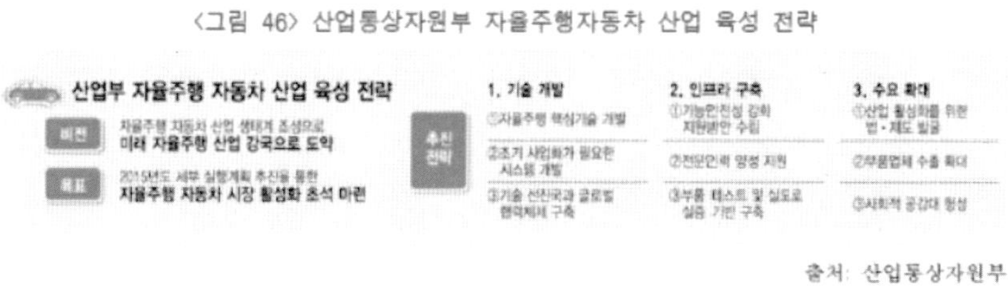

그림 18-7. 국내 자율주행차 상용화 방안(산업통상자원부)

출처: 산업통상자원부

국토교통부는 2015년 5월 자율주행자동차 상용화 지원 방안을 발표했으며, 오는 2020년 부분 자율주행자동차 상용화를 목표로 하고 있습니다.

구분	2015년	2018년	2020년
목표	• 범 정부 지원체계 구축	• 일부 레벨 3 평창올림픽 시범운행	• 3(부분자율) 일부 상용화
정부지원	• 시험운행 - 자율주행차 법규정 반영 - 허가요건 마련 - 실증지구 지정 착수 - 자율장치 장착 허용 - 보험상품개발 • 인프라 구축 - GPS 오차 개선	• 인프라 구축 - 시험노선 정밀 수치지형도 - GPS 보정정보 송출 - 고속도로 테스트베드 구축 - 차량 간 주파수 배분 • 기술개발 - 해킹보안 자동차 기준 반영 - 캠퍼스 운행시범	• 상용화 지원 - 자동차기준, 보험상품, 리콜·검사제도 • 인프라 구축(전국) - 차선정보 제공 - V2I 지원도로 확대 • 기술개발 - 실험도시 구축 - 실도로상 C-ITS 연계
이벤트	• 고속도로 주행지원 시스템 (일부 레벨2) 상용화 • 레벨3 개발 착수(완성차)	• 관람객 등 셔틀서비스 제공 (안전성, 가능성 검증)	• 자율주행차 생산·판매

출처: 국토교통부, KERI

그림 18-8. 국내 자율주행차 상용화 방안(국토교통부)

출처: 국토교통부

19 현대자동차는 어떻게 연구하고 있나요?

현대자동차는 자율주행 관련하여 2009년부터 연구하고 있으며 최근 들어 더욱 활발히 연구하고 있습니다. 2009년부터 현대자동차 주최로 자율주행차 경진대회를 열어서 국내 10여개 대학 대상으로 차량과 개조비용 등을 제공하여 대학들의 자율주행 연구 활성화를 위해 노력하였습니다. 그로인해 2009년 대회 이후 여러 대학들에서 대학원생 위주로 자율주행 기술을 실제 차량 기반으로 연구하고 있습니다. 현재까지 한양대학교가 단일 대학교로는 가장 많은 대회의 우승을 차지한 기록을 가지고 있습니다.

현대자동차는 2010년 대회 미션 설명 및 가능성 확인을 위해 처음으로 자율주행 차량을 제작하여 시범을 보였으며 이후 2015년 서울모터쇼에서 전방 차량을 자동으로 추종하는 기능을 기자단에 선보였습니다. 실제 고속도로나 도심에서 주행 가능한 실력은 아니었지만 현대자동차가 독자적으로 자율주행 기술을 개발하고 있다는 사실을 직접 보여준 시연으로 평가되었습니다. 이후 2016년도에는 캘리포니아에 있는 현대자동차 주행시험장에서 유럽 기자단을 대상으로 자율주행 시나리오를 쏘울 EV 차량으로 시연했습니다. 도심/고속도로 주행 상황을 재현하여 여러 가지 기능을 보여주었습니다. 이 데모가 현대기아자동차의 자율주행 기술을 외신에 공개한 첫 데모시연이었기에 큰 의미가 있었습니다. 기아자동차는 DriveWise라는 이름으로 이 자율주행 기술을 홍보하였습니다. 16년도 CES를 준비하면서 네바다 DMV로부터 자율주행 면허를 취득하였습니다.

자신감을 얻은 현대자동차는 1년 뒤에 실제 도로에서의 시연을 준비합니다. 2017년 1월 CES가 열리는 라스베가스 컨벤션센터 주변 4.3km 도로를 아이오닉 EV차량으로 주행하는 것이었습니다. 통제되지 않은 환경이었기에 굉장히 다양한 교통 상황을 고려하여 기술개발이 이루어졌으며 Newyork times, Forbes, Cnet 등 전세계 60여개 기자단을 대상으로 성공적으로 자율주행 시연을 마쳤습니다. 시연을 마친 기자중에서는 “Less stressful than a taxi”라는 기사 제목을 통해 아이오닉 EV의 자율주행 성능을 높이 평가한 사례도 있었습니다. 그 이후 현대자동차는 지속적으로 자율주행 기능을 개발하였으며 2018년에는 평창 올림픽 기간에 서울만남의광장에서 평창 주경기장까지 190km를 레벨4 수준의 자율주행으로 완주하는데 성공하였습니다. 이때는 수소차 넥쏘를 기반으로 자율주행 차량이 개발되었으며 문재인 대통령이 직접 탑승하여 화재를 일으키기도 하였습니다. 또한 2018년에는 엑시언트 트레일러 기반의 자율주행 기술을 선보이며 승용차 뿐만 아니라 상용차 기반의 자율주행도 준비하고 있음을 홍보하였습니다.

향후에는 소수의 차량이 아닌 몇십대의 차량을 일정 지역에서 주행하며 다양한 주행 데이터를 수집하는 형태의 fleet 주행을 통해 자율주행 기술을 한 단계 더 향상시킬 계획입니다. 또한, 최근 조직 개편을 통하여 자율주행 기술 양산을 위한 준비를 착실히 하고 있다고 생각됩니다. 다만, 자체적으로 보유한 기술을 발전시켜서 양산을 할지 또는 타 기업이 보유한 자율주행 기술을 구매하여 양산을 할지에 대한 결정은 진행 중인 것으로 보입니다.

그림 19-1. 쏘울 EV 자율주행 데모 시연(2016 CES)

출처: https://www.theverge.com/2016/1/5/10719152/kia-drive-wise-self-driving-cars-2030-ces-2016

그림 19-2. 아이오닉 EV 데모 시연(2017 CES)

출처: https://www.betweentheaxles.net/galleries/2017/hyundai-ioniq-autonomous-concept-2017-first-generation-ces-photos-13860

autoblog RESEARCH BUY NEWS & REVIEWS OWNERSHIP VIDEOS

FIRST RIDE

Less stressful than a taxi: We ride in Hyundai's Autonomous Ioniq Electric

그림 19-3. autoblog 자율주행 시승 평가 기사

출처: https://www.autoblog.com/2016/12/20/autonomous-hyundai-ioniq-electric-first-ride/

그림 19-4. 문재인 대통령 자율주행차량 시승장면(2018 평창 동계올림픽)

출처: https://www.h2news.kr/mobile/article.html?no=6887

20 양산을 위한 중요한 이슈들은 무엇이 있나요?

자율주행이 본격적으로 양산되기 위해서는 넘어야할 산들이 여러 개 있습니다. 그중 요즘 이슈 되고 있는 것은 센서들의 클리닝 문제입니다. 자율주행을 위해서는 카메라와 라이다 센서 등이 여러 개 장착되는데 이들은 외부에 노출되어야 합니다. 카메라는 윈드 실드 안쪽 등에 장착될 수도 있지만 특히 라이다의 경우에는 외부에 표면이 노출되어야 한다는 제약이 있기 때문입니다. 이렇게 외부에 센서 표면이 노출되면 여러 가지 문제점이 발생하게 됩니다. 만약 도로에 있는 흙탕물이 튀어서 센서 표면을 오염시킨다면 어떻게 될까요? 라이다 센서는 표면이 오염된 줄 모르고 자차의 주변 아주 가까이에 장애물이 있다고 잘못 판단할지도 모릅니다. 이러한 상황이 된다면 자율주행차량은 더 이상 주행하지 못하고 제자리에 멈춰버릴 것입니다. 이처럼 센서 표면이 오염될 경우 어떻게 주행 중 세척할 것인가 하는 것이 매우 큰 문제로 대두되고 있습니다. 구글 웨이모의 경우 새의 배설물 때문에 차량 루프에 얹은 라이다 센서 표면이 오염되는 것을 방지하기 위해서 차량 와이퍼와 유사한 시스템을 라이다 센서 모듈에 장착하고 이 세척 시스템을 특허까지 출원/등록 하였습니다.

그림 20-1. 구글 웨이모의 라이다 센서 세척 시스템

출처: https://autoweek.com/article/autonomous-cars/waymo-wipers-coming-soon-autonomous-vehicle-near-you

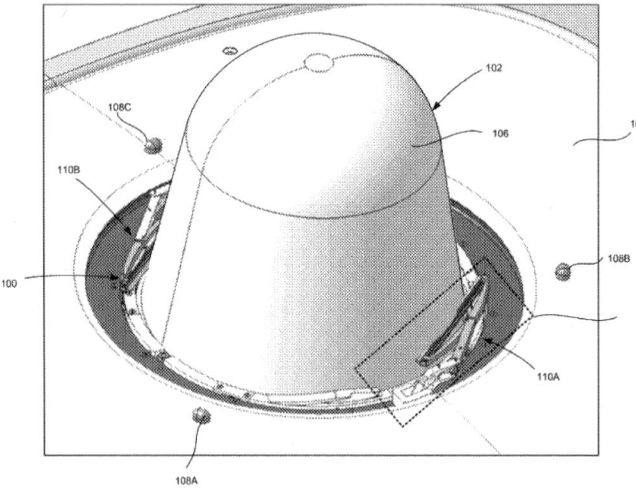

그림 20-2. 구글 웨이모의 라이다 센서 세척 시스템 특허 사진

출처: http://uk.businessinsider.com/google-patents-wiper-system-for-sensors-2016-5

그림 20-3. 포드의 카메라 자동 세척 시스템

출처: https://cellcode.us/quotes/ford-escape-backup-camera.html

자율주행 차량의 내구성 문제 또한 큰 이슈로 논의되고 있습니다. 현대자동차의 보증 조건은 미국의 경우 10년 10만마일입니다. 이 기간 또는 주행거리에서는 모든 고장에 대해 책임을 가지고 있다는 뜻입니다. 자율주행에 새롭게 장착된 여러 센서, ECU, 구동장치, 표시장치 등이 아무 문제 없이 보증 기간 동안 유지될 수 있을지에 대해서는 미지수입니다. 특히, 센서 안에 모터가 장착되어있는 라이다 센서의 경우 내구성에 매우 취약한 구조입니다. 따라서 완성차 업체는 모터가 없는 solid state 라이다 가 개발되기를 바라고 있습니다. 양산을 위해서는 자율주행을 위한 커넥터 하나도 신경써서 개발해야 합니다.

21

도로 위를 달리는 자동차 외에도 자율주행기술이 적용 가능한가요?

1980년대 제가 초등학생시절에 즐겨보던 공상과학영화나 만화영화를 보면 하늘을 나는 자동차와 혼자서 달리는 자동차등 사람들이 상상하던 많은 미래형 자동차나 이동체들이 등장하고는 했는데요, 비슷하게 요즘 저희 아이들이 보는 애니메이션에도 비행기, 자동차, 기차, 배, 잠수함 등이 하나의 생명체가 되어서 혼자서 여행도 하고, 일도 하고 모험도 떠나는 이야기들을 그려내고 있습니다. 그 중에서도 제가 우리 아이들과 가장 재미있게 보았던 애니메이션 중에 하나가 '카'라는 제목의 애니메이션입니다.

그림 21-1. 애니메이션 '카'의 주인공 맥퀸

출처: https://blog.naver.com/xman200/30100328227

아무래도 제가 자동차에 관한 연구를 하는 사람이어서 그런지 더 재미있게 봤습니다. 애니메이션을 보면 자동차가 주인공이 되어서 모험을 떠나고 그 과정에서 많은 자동차 친구들을 만나게 됩니다. 물론 그 영화에는 사람도 등장을 하지만, 운전자로서 등장하기 보다는 주로 자동차와 관련된 일을 하시는 분들로 등장을 하죠. 주인공인 맥퀸(레이싱카)과 같은 승용차 외에도 트랙터, 렉카, 트럭, 트레일러, 경찰차, 군용 차량 등이 등장을 합니다.

그림 21-2. 애니메이션 '카'의 친구들

출처: https://blog.naver.com/xman200/30100328227

저는 이 영화를 보면서 자율주행 기술이 승용차 보다는 농업, 광업, 군사용 등 특수목적의 차량에 먼저 적용 되어 상용화 될 것 같다는 생각을 했습니다. 왜냐하면 일단 기술적으로 보면 이 차량들은 다양한 종류의 차량과 사람들이 혼재되어 있는 복잡한 도로가 아닌 제한된 구역 내에 단독으로 움직이기 때문에 주변차량, 사람과의 사고나 돌발 상황에 대한 대응을 해야 하는 경우가 현저히 줄어듭니다. 그리고 경제적으로 봐도 이 차량들은 일반 승용차에 비해서 활용도와 운행하기 위한 비용도 높기 때문에 자율주행기술을 구현하기 위한 센서나 제어기들을 선정함에 있어서도 엔지니어 입장에서 보면 훨씬 자유롭습니다. 예를 들어 승용차에는 자율주행 기능을 추가하면서 판매가격이 1,000만 원이 올라간다고 하면 일반소비자는 본인이 운전을 하면 되니 살지 말지 고민을 하게 되겠지만,

상용차의 경우 1,000만 원이 올라간다고 해도 몇 개월이면 그 차량을 운전하기 위한 인건비를 절약하고 그 이후부터는 수익이 나는 구조이기 때문에 쉽게 구입을 하게 되겠죠? 또한 군사용으로 사용을 한다면 어떨까요? 포탄이 떨어지는 적진으로 탱크나 자동차를 몰고 가야하는 상황에서 운전자가 없이 자율주행으로 이동을 할 수가 있다면 그 활용성은 엄청날 것입니다.

그림 21-3. 애니메이션 '카'의 군용차량

출처: https://blog.naver.com/xman200/30100328227

실제로 우리나라에서도 갈수록 줄어드는 농업인구에 대응하기 위해 농업용 트랙터에 자율주행기능을 적용하는 개발을 진행하고 있습니다. 이 트랙터는 들판에서 무인으로 일을 하고 차량의 제어는 마을회관과 같은 관제실에서 원격제어를 통해 운영이 된다고 합니다. 또는 하는데, 기술

개발이 완성이 되면 고령화되고 있는 한국 농촌의 든든한 젊은 일꾼이 될 것입니다. 또한 경작면적이 넓은 미국과 중국의 경우에도 굉장히 활발히 기술개발이 진행 중에 있는데요, 광활한 면적의 경작지를 운영하는 미국과 중국의 경우에는 자율주행 트랙터를 활용하면 24시간 농사일을 할 수 있기 때문에 경제성에 입각하여 막대한 연구비를 투입, 혼자서 일하는 자율주행 기능이 탑재된 농업용 차량들을 개발 중에 있다고 합니다.

그림 21-4. 농업용으로 활용중인 자율주행 트랙터

출처: https://blog.naver.com/funtenna/220814986536

이렇게 자율주행기술은 우리가 생각하는 기본적인 자동차의 개념 외에도 다양한 분야에서 활용가치가 높기 때문에 앞으로 지속적인 기술발전과 투자가 이루어질 것이라고 판단됩니다.

22

국내에서 발급되고 있는 자율주행 임시면허는 무엇인가요?

대한민국에서는 2016년 2월 시험, 연구목적의 자율주행자동차 임시운행허가 제도가 최초로 도입이 되었습니다. 당시 국토부에서는 2020년 자율주행차 상용화시대를 시대를 대비하기위해 제도개선, 인프라구축 등의 다양한 지원정책을 추진해왔는데요, 그 일환으로 자율주행차를 연구하는 기관, 학교, 기업 등이 일반도로에서 자율주행차량을 가지고 테스트를 할 수 있도록 도로교통법을 완화해준 제도입니다. 자율주행차를 개발하는 많은 단체 중 규모가 큰 업체나 기관은 자체적으로 보유한 시험장이나 주행시험장 등을 대여해서 기본적인 성능테스트는 진행을 할 수 있었지만, 규모가 작은 업체나 학교 등에서는 합법적인 성능테스트를 하기가 어려운 상황이었습니다. 하지만 자율주행 임시면허라는 제도를 통해서 많은 기업체와 학교들이 자율주행기술을 개발함에 있어 많은 도움을 받고 있는데요, 2018년 10월 기준 현재 국내에서 22개 단체에서 총 51대의 자율주행차량이 등록이 되어 국내 전국을 누비며 자율주행 기술을 개발중에 있습니다. 정부에서는 기술개발의 육성을 위해서 제도 초기 국내 국도 및 고속도로 일부구간에서만 허용해 주던 것을 현재는 어린이, 노약자 보호구역을 제외한 전국도로로 확대하여 다양한 환경에서 자율주행기술을 개발할 수 있도록 제도를 완화해 주었습니다. 이외에도 자율주행

신청기관	차 종	대수
현대자동차	제네시스	1대
현대자동차	투싼(수소)	2대
서울대	K7	1대
한양대학교	그랜져	1대
기아자동차	쏘울(전기)	2대
현대모비스	LF소나타	1대
한양대학교	그랜져	1대
교통안전공단	LF소나타	2대
카이스트	벨로스터	1대
네이버랩스	프리우스V	1대
현대자동차	아이오닉(전기)	1대
현대자동차	아이오닉(하이브리드)	2대
서울대	제네시스	1대
만도	제네시스	1대
삼성전자(종합기술원)	그랜져	1대
LG전자	제네시스	1대
SK텔레콤	제네시스	1대
서울대	SM6	1대
KT	뉴카운티(승합차)	1대
자동차부품연구원	LF소나타	1대
삼성전자(DMC)	싼타페	1대
한국전자통신연구원	아이오닉(전기)	1대
쌍용자동차	티볼리 에어	1대
한국전자통신연구원	아이오닉(전기)	1대
서울대	아이오닉(전기)	1대
차세대융합기술연구원	레이(전기)	1대
현대자동차	G80	3대
KT	유니버스	1대
현대자동차	넥쏘(NEXO)	6대
아우디폭스바겐코리아	A8	1대
차세대융합기술연구원	미니버스(전기)	2대
삼성전자(종합기술원)	G80	1대
㈜소네트	프리우스	1대
㈜프로센스	아반떼	1대
현대자동차	엑시언트(트랙터)	1대
합계		**47대**

그림 22-1. 자율주행 임시면허 발급 현황

출처: http://www.irobotnews.com/news/articleView.html?idxno=14349

차 개발에 관련된 다양한 규제들을 완화해 주면서 기술발전을 지원해 주고 있습니다.

하지만 자율주행 임시면허를 아무렇게나 발급을 하게 되면 일반도로 위에서 평가 중 아주 위험한 상황이 발생할 수가 있으므로 국토부에서는 한국교통안전공단의 자동차안전연구원을 통해서 해당 차량들에 대한 기본적인 성능검증을 한 후에 면허를 발급해 주고 있습니다. 이 검증은 해당 차량이 운전자가 운전하는 '운전자 모드'와 기계가 운전하는 '시스템 모드'로 구분을 하여 두가지 모드에 대한 Take-over 기능과 '시스템 모드' 상에서 기본적인 종/횡방향 제어, 선행차 인지 및 긴급제동 기능 등 최소한의 안전을 확보 할 수 있는 기능을 테스트 합니다. 그리고 자율주행 기

그림 22-2. 자율주행 임시면허 1호 발급 차량(현대자동차)

출처: https://news.naver.com/main/read.nhn?oid=001&aid=0008235534

능 외에 주행 중 돌발 상황에 대비한 비상정지 기능과 시스템 모드 운전 중 운전자에게 돌발 상항에 대한 경고를 주는 표시장치가 차량에 구성이 되어 있는지도 점검을 합니다. 이렇게 차량의 내부적인 구조 외에도 일반도로에서 평가 시 타 차량들이 이 차량이 자율주행테스트중인 차량이며, 일반 사람이 운전하는 것과 다르게 주행이 될 수 있으니 주의를 하라는 뜻에서 '자율주행차 시험운행'이라는 문구를 차량 외부에 눈에 띄기 쉽게 부착을 해야 합니다.

실제로 도로에서 일반차량들과 같이 주행을 하면서 자율주행 테스트를 하게 되면 다양한 위험상황이 발생을 하게 되는데요, 만약의 상황을 대비한 꼭 필요한 점검이라고 할 수 있습니다.

그렇다면 앞서 언급된 미국의 경우는 어떠할까요? 필자는 현대자동차

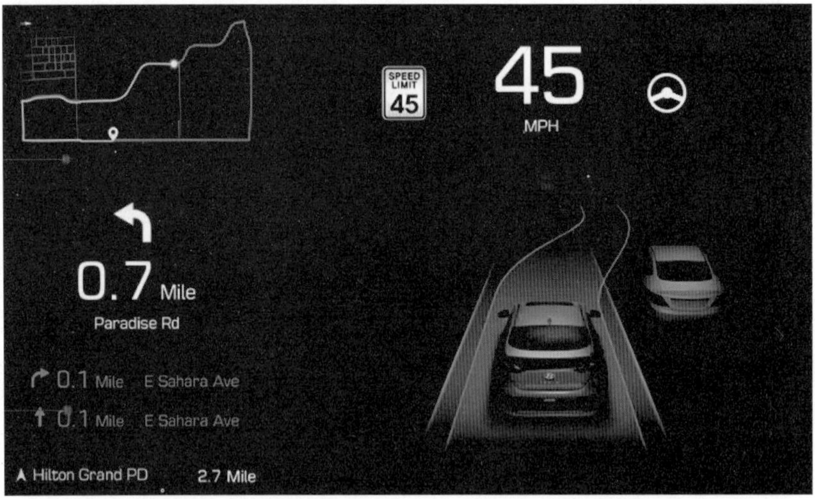

그림 22-3. 자율주행 차량 내부의 운전자 표시장치 예

출처: http://www.theloca.co.kr/

재직시절 2015년에 미국 네바다주에서 현대자동차의 투싼 연료전지차와 기아자동차의 쏘울전기차를 개조한 자율주행차량으로 임시면허를 취득했었는데요, 미국의 경우 국내와는 조금 다르게 자율주행차의 기본 안전은 제조사 자체적으로 확보를 하게 하고 대신 1년에 5만불 짜리 보험을 가입하게 합니다. 이렇게 함으로서 자율주행 테스트 중 발생하는 만일의 사태에 대해서 대비를 하게 하고, 제조사에서는 간소화된 절차로 자율주행 임시면허를 취득할 수 있는 반면에 금전적인 부담은 더 안고 가게 됩니다. 필자가 개인적으로 현대자동차 재직시절에는 이러한 미국의 규정이 더 좋아보였습니다만, 학교 연구소에서 근무를 해보니 1년치 보험금 5만불이 만만치 않은 금액이라 우리나라의 제도가 자율주행기술 활성화 측면에서는 더 나은 것으로 판단됩니다.

그리고 추가적으로 네바다주의 경우에는 한국과 유사하게 외부에서도 자율주행차량을 알아 볼 수 있도록 일반차량과 달리 자율주행차 전용 번호판이 있어 자율주행 테스트차량의 경우 그림과 같은 스페셜한 번호판을 받아서 부착을 하게 됩니다.

그림 22-4. 네바다 자율주행 임시면허

출처: https://news.naver.com/main/read.nhn?oid=009&aid=0003867585

23
자율주행차시대가 되면 운전면허증은 누가 발급받나요?

이 질문에 대한 논의를 시작하기 전에 먼저 전제를 두어야 할 것이 있습니다. 먼저, 해당하는 자율주행차는 레벨4 이상의 완전자율주행차량으로 갑작스러운 기상악화나 전방에 예기치 못한 공사 혹은 사고현장을 만났을 경우 등 특정상황에서만 사람이 운전을 하는 경우라고 가정을 하고 이야기를 해야 할 것 같습니다. 이러한 차량의 경우 위의 질문이 고민거리가 될 수 있기 때문이죠. 실제로 자율주행차량을 개발 중인 미국과 유럽만이 아니라 아니라 우리나라에서도 이와 같은 고민을 하고 있습니다.

현재 운전면허는 차량을 제어하는 주체 즉, 운전자에게 주어지며 운전자는 그 면허를 취득하기 위해서 실제 도로에서 맞이하게 되는 여러 가지 상황에 대한 차량제어능력에 대해서 테스트를 받게 되죠. 만약 운전자가 정해진 도로교통법규 내에서 차량을 제어하지 못한다면 운전자 본인과 타인의 안전을 위해서라도 도로위에서 운전할 수 있는 면허를 받으면 안되겠죠? 그런데, 앞서 말한 자율주행 레벨4 단계의 상황이라면 차량을 제어하는 주체가 사람이 아니라 자동차 자체가 됩니다. 그렇다면 당연히 기존 사람과 마찬가지로 실제 도로에서 맞이하게 되는 다양한 환경과 상

그림 23-1. 운전면허 시험장 예

출처: https://m.post.naver.com/viewer/postView.nhn?volumeNo=5214689&memberNo=29386026&vType=VERTICAL

황에 대해서 차량별로 테스트를 받아야 할 것입니다. 그렇다면 이 테스트는 또 어떤 기준을 가지고 진행이 되어야 할까요? 고려해야 할 많은 항목들이 있겠지만, 자율주행 시스템을 구성하는 기본적인 '인지', '판단', '제어' 능력에 대한 평가를 진행해야만 합니다.

'인지'영역의 경우에는 차량에 장착된 센서들의 기본성능에서부터 이 센서들로부터 유입되는 다양한 데이터를 활용하여 주변의 차선, 자동차, 사람 등과 같이 주변의 사물을 얼마나 잘 인지하는지에 대한 테스트가 필요합니다.

다음으로는 '판단'능력인데요, 차량이 목적지까지 가기 위해 차선유지 및 변경, 가속과 감속을 해야 하는 다양한 상황들이 발생하는데 이러한 상황에서 적절한 판단을 할 수 있는지에 대한 판단 능력에 대한 테스트가 필요합니다.

마지막으로는 '제어'능력입니다. 앞서 '인지', '판단'과정을 거친후 실제 차량을 판단의 결과 값에 맞게 거동하게 하는 능력입니다. 판단의 결과 값대로 핸들을 정확한 각도로 제어를 하는지와 가감속은 정확하게 하는지에 대한 테스트가 필요 합니다.

결론적으로 이렇게 자동차가 면허를 받더라도 자율주행 레벨4 단계에서는 운전자가 직접 자동차를 제어해야 하는 상황이 발생할 수가 있기 때문에 자동차와 사람 모두가 안전을 위해서 운전면허 시험을 봐야 할 것이고, 운전대가 없는 자율주행 레벨5 단계에서는 사람이 아닌 자동차가 운전면허를 취득하기 위한 테스트를 통과해야 합니다.

그림 23-2. 로봇에 의한 면허 취득 구상도

출처: http://www.irobotnews.com/news/articleView.html?idxno=14438

24 자율주행 알고리즘은 어떻게 구성되며 어떠한 방식으로 개발되나요?

자율주행 시스템이 자동으로 운전하기 위한 알고리즘은 사람이 운전하는 방식과 거의 동일합니다. 사람은 시선을 움직이면서 차량, 보행자, 차선, 신호등 등의 주변 환경을 인식하고 사고가 나지 않도록 차선을 지키고, 전방 차량과의 간격을 잘 유지하면서 목적지까지 운전합니다. 이와 마찬가지로 자율주행 차량도 센서를 통해 주변 환경을 인식하고 위험 상황을 판단하면서 목적지까지 도달하기 위한 경로를 생성하고 제어하는 알고리즘으로 구성됩니다. 이러한 자율주행 알고리즘은 크게 인지, 판단, 제어, 세 부분으로 구성됩니다.

인지 알고리즘은 다양한 센서를 이용하여 차량 주변에 대한 정보를 획득하여 주행 상황에 대한 판단을 하기 위해 필요한 정보를 추출하고 지도 내에 차량의 위치를 찾는 것으로 구성됩니다. 센서 구성에 따라 인지 알고리즘이 달라지겠지만, 일반적으로 카메라, 라이다, 레이더센서를 이용하여 차량 주변 360°를 감시 할 수 있도록 구성합니다. 카메라는 물체에 대한 상세한 분류가 가능한 장점을 가지고 있어, 보행자, 차량(승용, 버스, 트럭 등 분류 가능), 오토바이 등의 물체 정보와 신호등, 차선, 도로 마커, 횡단 보도, 정지선 등과 같은 시각적인 정보를 인지하는데 이용됩니다.

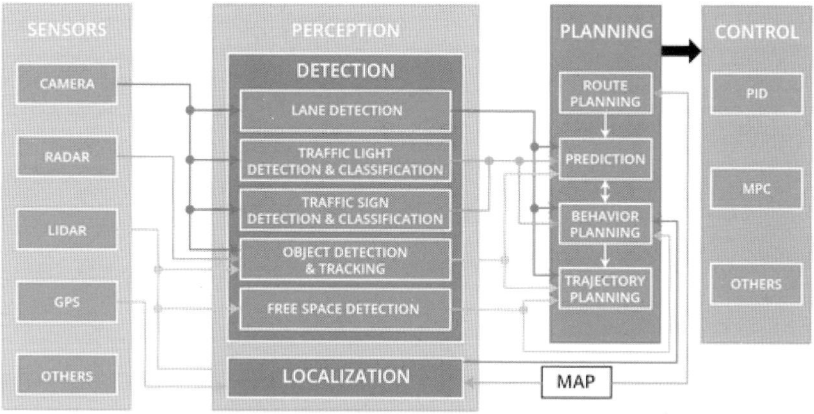

그림 24-1. 자율주행 시스템의 알고리즘 블록도

출처: https://medium.com/udacity/how-the-udacity-self-driving-car-works-575365270a40

라이다는 정밀한 측정이 가능한 장점을 가지고 있어, 주변 물체에 대한 위치와 속도 정보를 인지하고 주변 건물이나 도로 형태를 인지하는데 이용되고, 레이더는 원거리 측정이 가능한 장점을 가지고 있어, 이동 물체를 인지하는데 이용됩니다. 이렇게 각각의 센서로부터 인지된 결과는 센서 융합이라는 단계를 거쳐 개별 센서가 인지하는 결과보다 인지율 뿐만 아니라 신뢰도도 높이게 됩니다.

지도 내에서 차량의 위치를 찾는 것은 GPS와 지도 매칭을 이용합니다. GPS를 이용한 위치 인지는 주변에 높은 구조물이 없는 개활지에서는 정확하지만 도심과 같은 환경에서는 매우 부정확하기 때문에 지도 매칭(localization)을 이용하여 차량의 위치를 찾습니다. 지도 매칭 방법의 원리는 센서로부터 인지된 차선, 건물, 도로 구조물들을 정밀 지도에서 찾고, 인지된 거리를 정밀 지도에서 역으로 계산하여 지도 내에 차량의 위치를

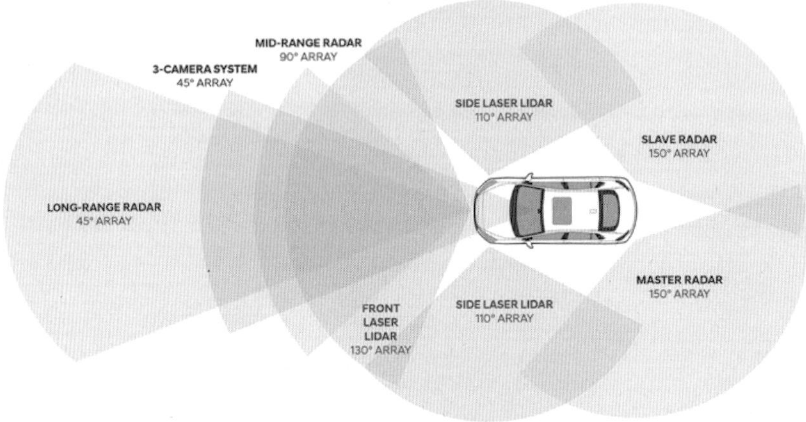

그림 24-2. 자율주행 시스템의 센서 커버리지 영역

출처: https://m.post.naver.com/viewer/postView.nhn?volumeNo=12608581&memberNo=21556957&vType=VERTICAL

찾는 방법입니다. 이렇게 차량의 위치를 찾으면 정밀 지도 위에 센서로부터 인지된 주변 차량, 보행자, 오토바이 등의 물체 정보, 차선, 정지선, 횡단보도 등의 도로 정보 등을 배치하여 차량 주변의 동적 지도(LDM: Local Dynamic Map)를 생성하며, 이 지도를 이용하여 판단 알고리즘을 수행합니다.

판단 알고리즘은 주변 차량과 보행자들의 움직임을 예측 및 판단하고 이에 따른 위험도를 판단하여, 정해진 경로를 주행하기 위한 차량의 주행 전략을 생성하는 것으로 구성됩니다. 인지 알고리즘에서 만들어진 동적 지도 위에 존재하는 차량 및 보행자의 위치 정보와 속도 정보를 이용하여 각 물체들의 향후 이동 방향을 예측하고 판단합니다. 예를 들면 횡단보도 인근에 있는 보행자가 횡단 보도를 건널 것 인지, 건너고 있는 지를 판

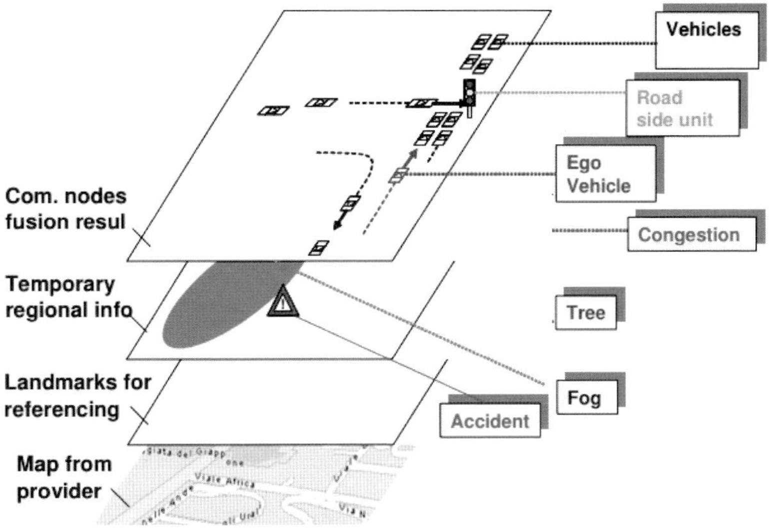

그림 24-3. 자율주행에서 사용하는 정밀지도의 구조

출처: http://www.safespot-eu.org/documents/D8.1.1_Final_Report_-_Public_v1.0.pdf

단하거나, 전방 좌측 차선에 위치한 차량이 차량 앞쪽으로 끼어들기 할 것인지, 하고 있는지 판단하는 것입니다. 이렇게 판단된 차량들의 움직임을 바탕으로 충돌 위험도를 계산합니다. 충돌 위험도를 계산하는 방식은 여러 가지가 있는데, 일반적으로 TTC(Time To Collision) 방식으로 이용합니다. TTC는 자기 차량과 상대 차량과의 상대 속도와 거리를 이용하여 충돌까지 걸리는 시간을 의미합니다. 이렇게 차량 주변에 대한 위험도 판단이 완료되면 차량의 주행 전략을 생성합니다. 주행 전략 생성이란, 현재 주행 상황에서 목적지까지 가기 위해 차량이 취할 주행 행동을 결정하는 것입니다. 예를 들면 곧 IC 진출을 위해 우측 차선으로 차선 변경을 해야 하는데 지금 할 것 인지, 아니면 우측 차선에 다른 차량이 존재

해서 다음에 변경 할 것 인지를 결정 하는 것입니다. 차량의 주행 행동은 차선 변경, 차선 유지, 전방 차량과의 거리 유지, 차선 내 한쪽으로 회피 등과 같이 다양합니다. 차량의 주행 행동이 결정되면 해당 행동을 위한 타겟 차량 또는 속도를 선정하고, 주행 경로를 생성합니다.

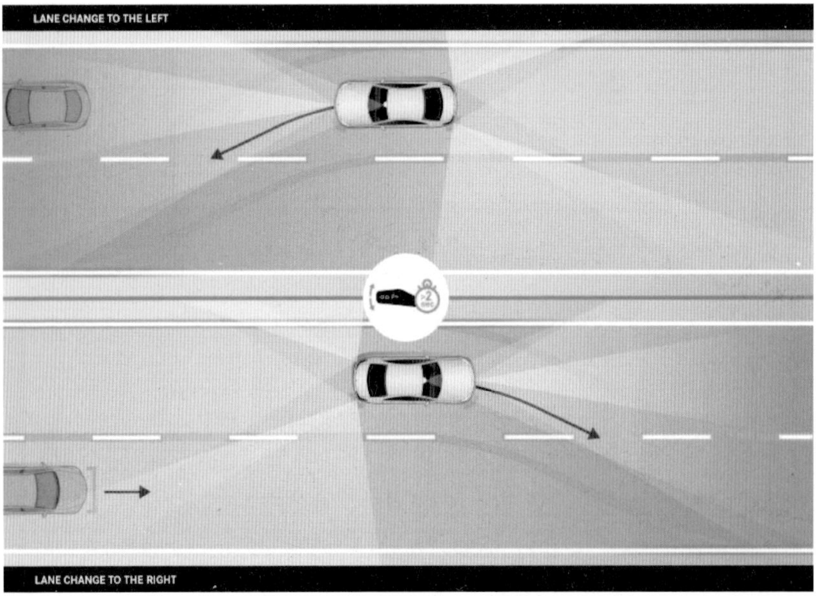

그림 24-4. 자율주행 차선 변경 판단 예

출처: https://www.washingtonpost.com/news/innovations/wp/2015/12/09/mercedes-benz-adds-lane-changes-to-its-autonomous-driving-offerings/?noredirect=on&utm_term=.7127f5ccb9e3

제어 알고리즘은 판단 알고리즘에서 선정된 타겟 차량 또는 속도를 추종하기 위해 가속도를 조정하고 주행 경로를 추종하기 위해 조향각을 조정합니다. 타겟 차량을 추종하는 것은 타겟 속도와 자기 차량과의 속도 차이와 거리를 이용하여 현재 도로에 허용하는 최대 속도, 승차감 등을 고려한 가속도 값을 계산하고 브레이크, 액셀 패달을 직접 조작하거나 엔진 또는 브레이크 유압을 조절하는 방식으로 제어 합니다. 조향 제어 역시, 주어진 주행 경로를 추종하기 위해 갑작스러운 조향 제어는 배제하고 적당한 조향각을 계산하여 핸들을 제어 합니다. 제어 알고리즘은 차량을 직접 제어 하는 만큼 승차감에 직접 영향을 주기 때문에 승차감을 최대한 고려하면서, 목표로 하는 타겟 차량과 주행 경로를 추종 할 수 있도록 합니다.

자율주행 차량을 구성하는 인지, 판단, 제어 알고리즘은 앞에서 언급한 것처럼 세부적으로 다양한 알고리즘으로 구성되기 때문에 개별 알고리즘들을 모듈화 하여 개발을 진행합니다. 각 모듈별로 구성된 알고리즘은 단계적으로 통합을 진행하면서 시뮬레이션을 통해 검증을 진행합니다. 시뮬레이션에서는 사전에 정의된 모듈의 입출력들을 활용하여 각 알고리즘이 허용된 범위 내에서 올바른 계산을 하는지 확인하고 혹시, 이상한 입력에 대해서도 안전하게 처리가 되는 지를 확인합니다. 세부 알고리즘에 대한 검증이 끝나면 부분적으로 통합하여 검증을 반복하고, 최종적으로는 인지, 판단, 제어 알고리즘을 하나로 통합하여 검증을 진행합니다. 이렇게 복잡하고 철저하게 검증을 진행하는 이유는 자율주행이 잘못된 계산으로 사고가 발생하면, 탑승한 사람들의 안전과 직결되기 때문에 2중 3중으로 알고리즘의 오류를 찾아내고 검증 하는 것입니다. 물론, 앞에서 언급한 알고리즘에는 예외 상황에 대한 대응 알고리즘이 포함되어 있어 중간에 이상한 값이 계산되더라도 차량이 안전하게 제어 될 수 있도록 대응하고 있습니다.

그림 24-5. 자율주행 시뮬레이션 검증 예

출처: https://www.esi-group.com/company/press/news-releases/esi-presenting-its-latest-autonomous-vehicle-simulation-solutions-dsc-2017-stuttgart

이렇게 시뮬레이션을 통해 검증이 완료되면 차량에 알고리즘을 적용하여 실차에서 검증을 진행합니다. 시뮬레이션과 달리 실제 차량에는 센서들에 측정 노이즈가 존재하고, 차량에는 제어 지연 시간이 존재하기 때문에 아무리 시뮬레이션 환경이 잘 만들어졌다고 하더라도 실차 환경과는 다릅니다. 실차 검증은 제한된 도로에서 실제 차량 또는 더미 등을 이용하여 시나리오를 구성하고 알고리즘에 대한 검증을 진행합니다. 실차 검증이 완료되면, 실도로에서의 검증을 진행합니다. 시뮬레이션 또는 제한된 공간에서의 실차 실험에서는 실도로에서 일어나는 모든 상황을 재현할 수 없기 때문에 실도로에서의 검증은 필수적입니다, 그렇기 때문에 자율주행을 개발하는 모든 회사들이 시범운행을 통해 주행 데이터를 수

집하고, 알고리즘에 대한 검증을 진행합니다. 하지만, 아직 완벽한 알고리즘이 아니기 때문에 위험 상황에 대응 할 수 있도록 차량과 알고리즘 처리 결과에 대해 실시간으로 확인 할 수 있도록 개발자들이 탑승해야 합니다.

그림 24-6. 자율주행 기능 검증 예

출처: https://civilmaps.com/event/autonomous-vehicle-test-development-symposium/

자율주행에 대한 개발과 검증은 안전하게 잘 운전해서 목적지까지 가는 기능에 대한 부분뿐만 아니라, 센서가 고장 나거나, 운전자가 잘못된 개입을 하는 등의 운전 외적인 부분에 대한 대응 알고리즘에 대해서도 개발이 진행되고 있습니다. 알고리즘을 이중화하여 일부 센서가 고장 나거나 연산 장치가 고장 나더라도 최소한의 기능 유지로 안전한 갓길에 정차하거나, 현재 차선에 정차 하도록 개발되고 있습니다. 이는 레벨4 이상의 자율주행을 위해 차량에 모든 것을 맡기기 위해서는 모든 상황에 대한 철저한 검증이 필요하기 때문입니다.

25

자율주행에는 지도가 필요하다는데 어떤 지도인가요?

자율주행에서 사용되는 정밀 지도는 기존에 네비게이션이 사용하는 지도에 세부적인 도로 정보들이 포함되어 있습니다. 기존 내비게이션 지도는 링크와 노드로 구성되는 항법 지도로서 목적지까지 가기 위한 경로 정보만을 포함하고 있습니다. 하지만, 정밀 지도는 기존 항법지도 뿐만 아니라, 차선 중심선, 차선, 정지선, 횡단보도, 신호등, 표지판, 도로 경계, 중앙 분리대, 주변 건물 등 도로 주변 객체들에 대한 2차원 또는 3차원의 위치 정보와 현재 도로의 차선 수, 제한 속도, 일방통행, 합류/진출 도로 등과 같은 도로 속성 정보들을 포함하고 있습니다.

이렇게 자율주행이 상세한 정보가 포함된 정밀 지도를 사용하는 이유는 여러 가지가 있습니다. 첫 번째로는 효율적으로 보다 더 정확하게 주변 상황에 대해 인지하기 위해서입니다. 차량에 장착된 센서를 이용하여 차선, 신호등, 중앙분리대 등과 같은 도로 구조물을 인지 할 수 있지만, 센서 측정 각도의 제한으로 바닥을 보는 센서, 정면을 보는 센서, 뒤를 보는 센서, 도로 위를 보는 센서 등이 필요하게 됩니다. 그렇기 때문에 일부 정보를 지도에서 받는다면 센서 구성을 줄일 수 있습니다. 물론, 그렇다고 무조건 센서 수를 줄이는 것이 아니라 센서와 지도에서의 교차 인지가

그림 25-1. 자율주행 정밀지도

출처: https://arstechnica.com/cars/2017/03/the-most-detailed-maps-of-the-world-will-be-for-cars-not-humans/

중요하기 때문에 알고리즘을 위한 최소한의 센서 구성은 유지하면서 센서 수를 줄일 수 있습니다.

두 번째는 주행 상황에 대한 예측을 위해서입니다. 센서의 인지 거리는 인지하고자 하는 물체에 따라 다르긴 하지만, 일반적으로 카메라 50m, 라이다 100m, 레이더 200m 정도 입니다. 도심 구간에서는 충분한 거리이지만, 고속도로의 경우에는 부족한 인지 거리입니다. 예를 들면, 100kph로 달리고 있다면 1초에 27.78m씩 이동하므로 대략 6초 정도의 상황에 대해서만 인지할 수밖에 없습니다. 그렇기 때문에 전방에 곡선 구간이 있거나, 도로의 차선 수가 줄거나 하는 상황에 대해서 지도로부터 전달 받으면 미리 예측할 수 있는 만큼 대응 가능한 시간도 늘어나기 때문에 보다 더 안전하게 주행 할 수 있습니다.

세 번째는 주변 상황 인지에 대한 보조 수단입니다. 차량에 다양한 센서를 다양한 위치에 장착하고 있지만 주변에 차량들이 많이 있으면 음영 지역(차량 및 장애물들에 가려져 인지 불가능한 영역)이 발생하게 되어 주변 차량 넘어 상황에 대해서는 인지가 불가능 합니다. 가다 서다를 반복하는 정체 상황의 경우, 차량 중심으로 반경 10m 이상에 대해서는 인지가 불가능 합니다. 이러한 경우 정밀 지도로부터 차선, 정지선 등과 같은 정보를 받아 주변 상황 인지 거리를 늘릴 수 있습니다. 뿐만 아니라, 주변 차량들에 대한 방해만이 아니라, 센서 자체적으로 잘못된 인지를 했을 경우에 대비하여 정밀 지도에서의 정보와 비교하여 잘못된 정보를 필

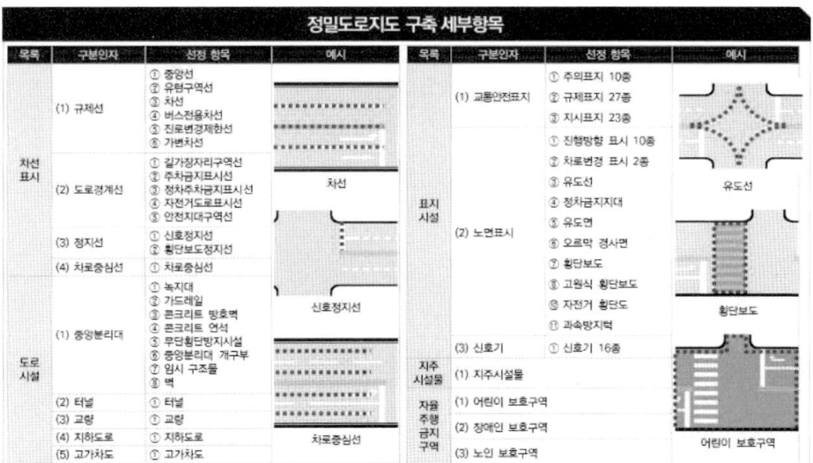

정밀도로지도 구축 세부항목

목록	구분인자	선정 항목
차선 표시	(1) 규제선	① 중앙선 ② 유턴구역선 ③ 차선 ④ 버스전용차선 ⑤ 진로변경제한선 ⑥ 가변차선
	(2) 도로경계선	① 길가장자리구역선 ② 주차금지표시선 ③ 정차주차금지표시선 ④ 자전거도로표시선 ⑤ 안전지대구역선
	(3) 정지선	① 신호정지선 ② 횡단보도정지선
	(4) 차로중심선	① 차로중심선
도로 시설	(1) 중앙분리대	① 녹지대 ② 가드레일 ③ 콘크리트 방호벽 ④ 콘크리트 연석 ⑤ 무단횡단방지시설 ⑥ 중앙분리대 개구부 ⑦ 임시 구조물 ⑧ 벽
	(2) 터널	① 터널
	(3) 교량	① 교량
	(4) 지하도로	① 지하도로
	(5) 고가차도	① 고가차도

목록	구분인자	선정 항목
표지 시설	(1) 교통안전표지	① 주의표지 10종 ② 규제표지 27종 ③ 지시표지 23종
	(2) 노면표시	① 진행방향 표시 10종 ② 차로변경 표시 2종 ③ 유도선 ④ 정차금지지대 ⑤ 유도면 ⑥ 오르막 경사면 ⑦ 횡단보도 ⑧ 고원식 횡단보도 ⑨ 자전거 횡단도 ⑩ 과속방지턱
	(3) 신호기	① 신호기 16종
지주 시설물	(1) 지주시설물	
자율 주행 금지 구역	(1) 어린이 보호구역	
	(2) 장애인 보호구역	
	(3) 노인 보호구역	

그림 25-2. 정밀지도 구축 세부 항목 예

출처: http://map.ngii.go.kr/download/ms/pblictn/preciseRoadMap/정밀도로지도%20제공%20안내.pdf

터링 할 수 있습니다.

위와 같은 이유로 정밀 지도를 사용하면 자율주행 차량의 성능을 크게 높일 수 있지만, 정밀 지도 정보를 사용하기 위해서는 차량의 정확한 위치를 알아야만 가능합니다.

현재 국내에서는 국토지리정보원에서 자율주행 등에 필요한 차선(규제선, 도로경계선, 정지선, 차로중심선), 도로 시설(중앙분리대, 터널, 교량, 지하차도), 표지시설(교통안전표지판, 노면표시, 신호기) 정보를 3차원으로 제작한 정확도 25cm 이내의 전자지도를 배포하고 있습니다. 구축 구역은 고속도로 구간과 도심 구간을 포함한 1,351km 구간으로 국토지리정보원 홈페이지 내에 국토정보플랫폼-정밀지도 메뉴를 통해 다운로드 가능합니다.

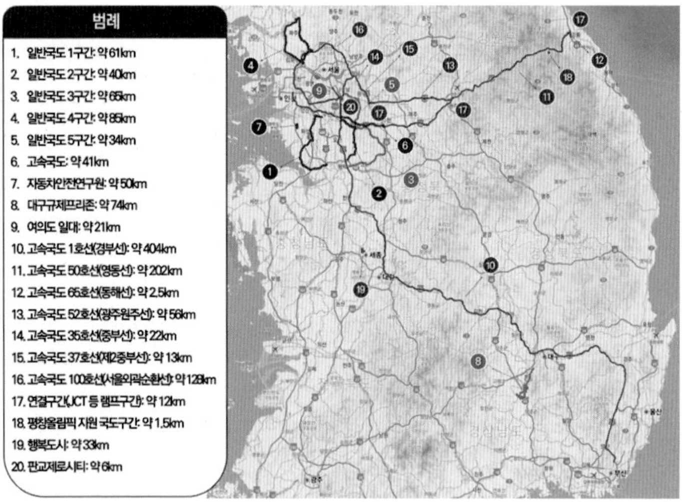

그림 25-3. 전국 자율주행 지도 구축 현황(국토교통부)

출처: http://map.ngii.go.kr/ms/pblictn/preciseRoadMap.do

26

V2X 통신과 자율주행은 어떤 연관이 있나요?

1번 질문에서 보인 자율주행 시스템 구성에서 알 수 있듯이 자율주행 차량은 일반 차량과는 달리 많은 센서를 장착하고 있습니다. 이렇게 장착된 센서의 조합을 통해서 사람이 운전할 때 인지하고 있는 차량, 보행자, 교통 신호 등을 인지하고 있습니다. 대부분 라이다, 카메라, 레이더의 센서 구성의 조합으로 가까운 거리에서는 사람의 인지 능력이상으로 정확히 주변의 사물들이 어떠한 속도로 어느 위치에서 움직이고 있는지 알 수 있습니다. 하지만 현재 차량용으로 개발되고 있는 센서의 H/W 특성 또는 처리할 수 있는 제어기의 성능 상 인지하는 거리에 한계가 존재합니다. 예를 들면, 신호등을 인지하기 위한 카메라는 우리가 스마트폰에 사용하는 카메라보다 훨씬 낮은 화소수의 카메라를 사용하고 있습니다. 일반적으로 한눈을 팔지 않고 운전하는 사람의 경우에는 400m 정도에 떨어진 신호등도 인지하게 되는데 자율주행 차량의 경우에는 100m 이하에서 신호등을 인지하게 되어서 시스템이 대처할 수 있는 시간이 아주 짧게 됩니다. 또 큰 도심의 경우에는 교차로 폭이 80m 이상의 교차로 등이 존재하게 되는데 이런 상황에서 우회전 할 경우 능숙한 운전자들도 직진하는 차를 보고 우회전하기 위해서 목을 빼고 힘들게 확인한 후 안전할 때

우회전해야 합니다. 자율주행을 위해서 장착된 센서의 경우 현재 측면에서 오는 차들을 인지하기 위해 장착된 센서들은 200m 이상 거리의 차량을 인지하기 어렵고, 100m 이상의 차량을 인지한다고 해도 속도나 위치를 근거리에 있는 차량처럼 정확히 인지하기 어렵습니다. 또 센서는 눈에 직접 보이는 차량이나 상황만을 인지하기 때문에 잠재적인 어려움을 검출하기에는 한계가 있습니다. 물론 사람의 경우에도 눈에 보이지 않는 것을 검출하는데 어려움이 있지만, 자율주행 차량의 경우에는 사람이 운전하는 것 이상의 안정성을 확보해야하기 때문에 보이지 않는 위협도 인지해서 대비를 해야 하는 상황입니다.

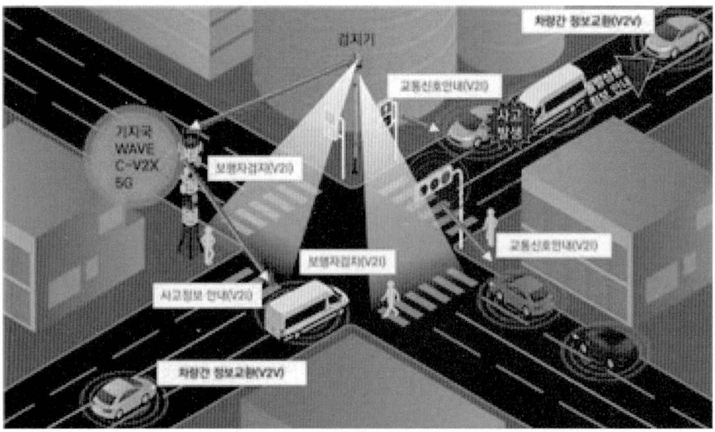

그림 26-1. V2X 시스템 서비스 개념도

출처: http://www.etnews.com/20180513000065

센서들의 이런 한계를 극복하기 위해서 나온 것이 차량간 통신(Vehicle to Vehicle)/차량-인프라 간 통신(Vehicle to Infrastructure)/차량-보행자

간 통신(Vehicle to Pedestrian)입니다. 이를 전체적으로 통합해서 Vehicle to Everything(V2X) 통신이라고 부릅니다. 자율주행이 본격적으로 논의되는 시점부터 이미 자동차 업계에서는 V2X 통신을 개발하고 있었습니다. 미국이나 EU를 중심으로 V2X 통신 표준화 및 개발을 진행하였으며 그 중 대표적인 것이 미국 교통부 중심으로 2012년에 표준화 완료된 WAVE(Wireless Access for Vehicle Environment)입니다. WAVE는 우리가 흔히 사용하고 있는 WiFi 기술을 차량이 주행하고 있는 환경에 맞게 수정해서 5.9GHz 대역에서 사용할 수 있도록 표준화한 기술입니다. 차량용에서 쓰기 쉽게 하기 위해서 1대1 통신이 아닌 브로드캐스트(방송) 형태의 송,수신이 가능하게 했고, 안전서비스를 위해서 지연 시간을 줄이고, 이동 중에서도 잘 동작 할 수 있도록 변형하였습니다.

인프라에서 송신되는 정보, 예를 들면 신호등 같은 정보는 최대 1000 m까지 수신가능하고, 300m 정도의 수준에서 동작할 수 있도록 설계되었고, 표준문서에는 통신 프로토콜부터 다양한 응용 서비스까지 설명되어 있습니다. 실제 2010년 초반 미국 /유럽을 중심으로 대규모 필드 테스트들이 이루어졌고, 2017년 미국의 모든 차량에 장착을 의무화시키려고 법제화까지 되었었지만, 최종 실행 단계에서 연기되었습니다. 우리나라에서도 국토교통부를 중심으로 스마트 하이웨이를 구축하는데 WAVE를 적용시켜서 연구 개발 중에 있습니다.

여기에서 WiFi 기술을 발전시킨 V2X 통신이 아니고 다른 통신을 사용한 방법이 있지 않을까라는 의문이 들 수 있습니다. 많은 사람들이 사용하는 무선 통신에는 무료로 사용하는 WiFi 이외에 대표적인 다른 통신도 있습니다. 바로 스마트폰에 사용되는 LTE(Long Term Evolution) 기술입니다. LTE는 통신의 진화에 따른 규격명이고, 일반적으로는 셀룰러 망 기반 통신 중에서 제일 잘되는 통신 규격입니다. 불과 몇 해 전까지 사용했던 CDMA, HSDA 같은 셀룰러 망 기반의 통신 프로토콜은 데이터보다는 음성을 지원하는게 우선 순위였는데 LTE 통신 같은 경우는 데이터 망에 최적화되도록 설계 되어서 차량 통신에 이용이 좀 더 가능한 형태로 되어 있습니다. LTE 통신 프로토콜을 규격화한 3GPP(3rd Generation Partnership Project)라는 단체에서도 새로운 비즈니스 모델이 필요하게 되었고, V2X 통신을 지원 모델에 넣게 되었습니다. 현재 LTE 기반 V2X는 표준화가 완료되었고, 우리 나라의 LG전자에서도 LTE V2X 기반 안전 서비스들을 개발해서 성공적인 시연을 했습니다.

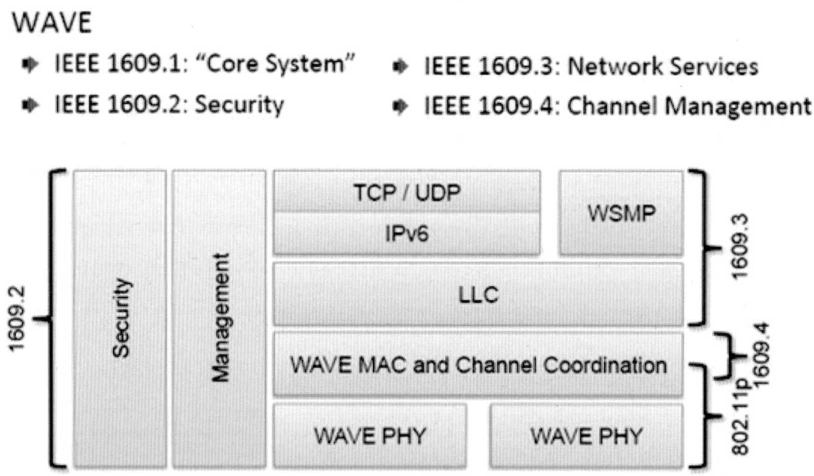

그림 26-2. WAVE 프로토콜 스택

출처: http://www.jidum.com/jidums/view.do?jidumId=1063

그림 26-3. LG 전자의 LTE V2X 기술 시연

출처: http://www.e4ds.com

5G 통신은 LTE 기술을 더 진화시킨 통신으로서 기본적인 기술 목표가 높은 데이터 전송 속도, 낮은 지연이 가능한 통신, 다양한 IoT(Internet of Things) 지원하는 것으로 차량용 통신을 기본적으로 지원하기 위한 기술적인 요소를 갖추고 있습니다. LTE V2X 및 5G V2X 통신은 WAVE에서 지원하는 모든 서비스를 기본적으로 제공하고 이에 기본적으로 고용량 통신이 가능하므로 인포테인먼트 서비스도 가능하게 하는 것을 목표로 하고 있습니다.

기본적으로 셀룰러 V2X 통신은 WAVE 통신에 비해서 기술적인 진화가 쉽고 망관리를 통신사에서 지속적으로 하기 때문에 안정적인 운영이 가능하다는 장점이 있습니다. WAVE 통신의 경우에는 최대 1000m까지 수신이 가능하기 때문에 새롭게 노변 기지국을 세워야하는 반면에 통신사는 전국망이 커버 가능한 기지국을 이미 보유하고 있어서 사업에 유리한 입장입니다. 다만 WAVE의 경우는 정부 기관에서 관리하고 망을 설치하기 때문에 서비스는 무료로 될 가능성이 크지만, 셀룰러 V2X는 통신사에 비용을 지불하고 사용해야하기 때문에 그만한 가치의 서비스가 운전자에게 제공되어야 하는 단점이 있습니다. 완전 자율주행 차량 입장에서는 V2X 통신 기술은 차량의 안정성확보를 위해서 꼭 필요한 기술이므로 향후에는 자율주행 차량이 운영되는 스마트 시티 등을 위주로 인프라 등이 먼저 설치 될 것으로 예상됩니다. 하지만 아직 그 통신이 WAVE 기반일지 V2X 기반일지는 알 수 없습니다. 아마도 초기에는 두 가지 방식 모두 지원하는 방식이 될 가능성이 크고, 실제 도로에서 수많은 테스트들을 통해서 향후에는 한가지로 통합될 가능성이 높습니다. 자율주행 차량 입장에서는 센서의 한계를 극복할 수 있는 V2X 통신이 있어야 더 안전하게 구동 될 수 있으므로 V2X 통신이 빨리 상용화되길 기대하고 있습니다.

27
자율주행 차량은 주변을 어떻게 인식하나요?

14번 질문에서 교통 상황을 인식하는 방법을 간단히 설명했는데 이 문항에서는 조금 더 자세하게 설명해보도록 하겠습니다. NVIDIA의 자율주행 차량처럼 카메라만 달고 개발하는 차량도 있지만, 대부분의 자율주행 차량에는 카메라, 레이더, 라이다의 센서들이 달려있습니다. 사람 눈처럼 카메라만 있으면 되는 것 아니야? 라는 의문이 들 수 있습니다. 하지만 앞서 설명한 바와 같이 카메라 하나를 통해서는 정확한 거리를 알 수 없기 때문에 거리를 정확히 알 수 있는 방법이 필요합니다. 물론 사람의 눈처럼 양안 렌즈를 이용한 스테레오 카메라를 이용해서 거리를 알 수 있기도 하지만 원거리와 근거리를 동시에 인지하기에는 한계가 있습니다. 또 사진을 찍어보면 알 수 있지만 빛에 따라서 성능이 크게 달라지기도 합니다. 운전을 하게 되면 역광이 있을 때 선글라스가 없으면 앞을 보기도 힘들 듯이 카메라 또한 역광 시 하얗게 보이므로 앞에 어떤 물체나 차선을 검출하기 힘들어집니다. 마찬가지로 어둠속에서는 보이는 거리가 아주 짧아지는 단점이 있습니다. 카메라에서 보이는 차선과 차량, 보행자들을 그동안의 연구 경험 기반의 알고리즘을 통해서 인지하기도 하고 알파고 같은 딥러닝 알고리즘을 통해서 인지하는 것을 개발하기도 합니다. 실제 자율주행 차량에서 딥러닝 알고리즘이 제일 많이 이용되는 것은 카메라로 인식 분야입니다. 영상 인식에 딥러닝 알고리즘을 이용하기 위해서 아래 그림처럼 영상을 찍어서 영상 내에서 어떤 부분이 사람이고, 어떤 부분이 차인지 DB를 구축하게 되는데 이를 보통 레이블링이라고 부릅니다.

그림 27-1. 영상 레이블링 작업

출처: http://darkpgmr.tistory.com/16

현재 영상 인식이 잘되는 알고리즘은 대부분 공개되어 있고, 이를 오픈소스를 활용해서 개발할 수 있기 때문에 기존의 영상 인식 알고리즘보다 더 많은 사람들이 쉽게 접근해서 개발하고 있습니다. 오히려 개발자 입장에서는 양질의 데이터가 필요하기 때문에 레이블링을 잘해서 DB를 구축하는 것이 인식 성능을 높이기 위해서 꼭 필요한 일이라고 여겨지고 있습니다.

그 동안의 전통적인 영상 인식 알고리즘으로 개발했던 것보다 딥러닝 알고리즘을 적용한 결과가 비약적인 발전을 보이고 있어서, 향후에도 더 많은 인식 성능 개선이 있을 것이라고 판단됩니다.

그림 27-2. NVIDIA 딥러닝 기반 영상 인식

출처: http://www.encarmagazine.com/theme/theme2/view/28628

조도에 따른 인식 성능의 한계 및 거리 성능 정확도 부족 등 카메라 기반의 인식의 단점을 보완하기 위해서 가장 먼저 나온, 그리고 널리 사용된 센서가 레이더입니다. 레이더는 전파를 쏘아서 맞고 돌아오는 전파를 다시 수신해서 되돌아 오는데까지 걸리는 시간을 측정해서 거리가 얼마나 떨어져있는지 알 수 있습니다. 또 전파의 특성에는 움직이는 물체에

맞고 돌아오는 경우에는 그 상대 속도에 비례하여 주파수가 틀어지게 되는 도플러 현상이 나타나게 됩니다. 전파를 쏠 때 보내는 주파수에 비해서 틀어지는 주파수의 정도를 검출해서 속도를 바로 알 수 있는 장점이 있습니다. 현재 차량에 적용되고 있는 대부분의 크루즈 컨트롤 지원 차량들이 이 레이더만 단독으로 사용하거나 카메라와 데이터와 결합해서 개발되어 있습니다.

보통 차량에 사용되는 레이더는 정확한 검출을 위해서 직진성이 높고 반사가 잘되는 주파수를 사용할 필요가 있어서 아주 짧은 파장을 가지고 있다는걸 뜻하는 밀리미터 웨이브 대역인 24GHz, 77GHz, 79GHz 등의 아주 높은 주파수를 사용하고 있습니다.

하지만 차량용 레이더의 경우에는 앞에 맞고 돌아오는 물체가 차인지 보행자인지 알 수가 없는 단점이 있습니다. 또 전파의 퍼져나가는 특성상 주변 차량의 형태를 정확하기 측정하기 어렵습니다. 실제 크루즈컨트롤이 되는 차량을 타보신 경험이 있으신 분은 주변 차량이 자기 차량 앞으로 끼어들어오고 있어도 사람보다 조금 늦게 반응한다는 것을 알 수 있습니다. 이는 레이더 데이터에서 오는 부정확성 때문에 조금 더 안쪽으로 들어왔을 때를 기준으로 자기 차량의 앞에 있다고 판단하기 때문입니다.

라이다는 이전에도 많이 적용하려고 했었지만 자율주행 차량이 개발되면서부터 적극적으로 적용 검토되고 있는 센서입니다. 레이더와 가장 큰 차이는 레이더는 전파를 통해서 거리를 측정하는 것에 비해 라이다는 빛(원적외선 대역)을 쏴서 측정하는 것이 다릅니다. 강의할 때 많이 사용되는 레이저 포인트를 생각하시면 됩니다. 빛은 퍼져나가는 특성이 적기 때문에 정확히 측정될 수 있다는 장점이 있고, 송,수신기를 모터를 통해서 돌려가면서 측정하면 넓은 영역을 측정해서 형태까지 측정할 수 있다

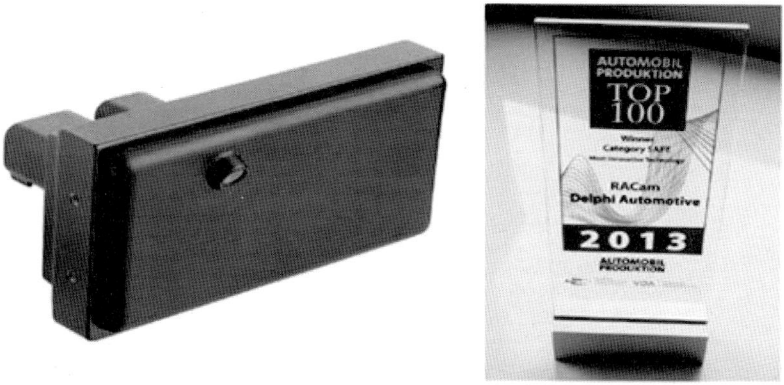

그림 27-3. 레이더와 카메라가 결합된 델파이 레이더

출처: http://m.autoelectronics.co.kr/article/articleView.asp?idx=1189

는 장점이 있습니다. 자율주행 차량의 경우 주변 차량, 보행자의 움직임을 정확히 예측해야하므로 라이다를 많이 사용하게 되었습니다. 이전에는 2차원으로만 측정이 가능했는데 높이까지 측정 가능한 라이다는 물론 영상으로 보는 것과 비슷한 정도로 측정이 가능한 라이다까지 출시되고 있습니다. 하지만 라이다도 단점이 있습니다. 라이다에서 사용되는 원적외선의 광원은 물방울 등에서도 반응이 됩니다.즉, 직전성이 강하고 물체를 통과하지 못합니다. 그래서 안개가 많을 때는 안개를 물체로 측정하기 때문에 정확히 주변 환경을 측정하기 어렵습니다. 심지어는 주변 차량에서 나오는 배기가스도 측정이 되어 인식에 오류를 일으키기도 합니다.

이렇듯 카메라, 레이더, 라이다는 각각 장점과 단점이 명확한 센서입니다. 그래서 대부분의 자율주행 차량은 인식이 필요한 영역에 카메라, 레이더, 라이다를 중첩해서 설치하고 세 가지 센서를 융합해서 인지를 하고 있습니다.

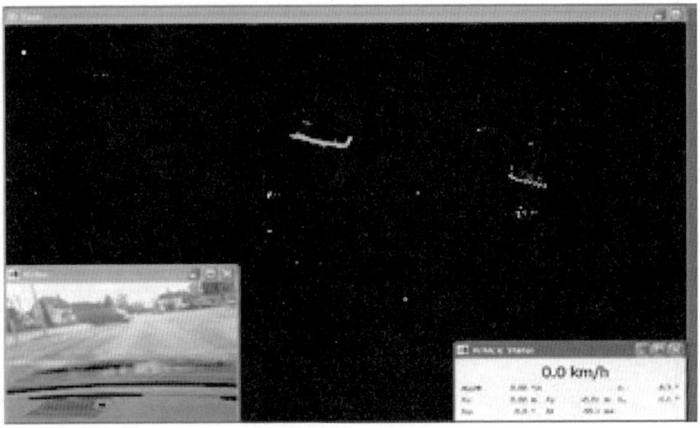

그림 27-4. Ibeo의 다층 라이다 데이터

출처: https://www.youtube.com/watch?v=IK29M22teJE

그림 27-5. 벨로다인 사의 3d 라이다

출처: https://velodynelidar.com/hdl-64e.html

기본적으로 카메라는 차선 및 신호등을 인지하는데 사용되고, 보행자, 차량, 동물들을 분류하는데 사용됩니다. 레이더는 주변 차량 및 가드레일 같은 정지 물체의 속도를 정확히 인지하는데 많이 사용됩니다. 라이다는 주변의 물체들의 형상을 정확히 인지하는데 사용됩니다.

그리고 자율주행 차량을 개발하는 곳의 역량에 따라서 세 가지 센서를 융합하는 것을 달리하고 있습니다. 카메라를 주로 이용해서 개발하는 곳은 카메라 데이터를 기반으로 라이다 및 레이더 데이터를 융합하는 전략을 사용하고, 라이다를 중심으로 하여 레이더, 카메라 데이터를 융합하는 전략을 사용하기도 합니다. 기본적으로 센서 융합은 정보가 많은 곳에서 하는 것이 유리하기 때문에 카메라 데이터를 기반으로 해서 융합하는 것이 유리하긴 하지만, 카메라 데이터를 다른 센서 데이터와 효과적으로 융합하는 것 또한 쉬운 일이 아니기 때문에 앞으로도 센서 융합에 있어서는 많은 신기술이 나올 것으로 기대하고 있습니다. 물론 여기에 V2X까지 결합되면 기존 운전자 대비 훨씬 더 인지 능력이 좋은 자율주행 차량으로 발전하게 될 것입니다.

28
자율주행 차량은 왜 다들 다르게 생겼나요?

자율주행 차량에 관심이 있으신 분들은 아실 수 있지만, 만드는 회사마다 전혀 다른 모양으로 센서들이 부착되어 있습니다. 자율주행 차량은 많은 센서들이 부착되어있기 때문에 센서의 배치들을 어떤 식으로 하느냐에 따라서 차량의 외관이 많이 달라지게 됩니다. 초창기에는 무수히 많은 센서들이 밖으로 달려 있어서 조금은 보기 흉한 모습이었는데 지금은 기술이 많이 성숙해서 그래도 어느 정도 거부감 없는 모습을 갖추고 있습니다.

그림을 보시면 아시겠지만, 센서가 장착된 구성에 따라서 크게 2가지 모습으로 구분을 할 수 있는데 차량의 루프위에 센서를 설치한 것과 기존의 우리가 사용하고 있는 차와 최대한 비슷하게 구성하는 쪽으로 구분할 수 있습니다. 대표적으로 웨이모, 우버, GM은 센서를 루프에 부착하고 있고, APTIV, 현대자동차는 최대한 차량 내에 매립하여 구성하였습니다. 같은 자율주행을 만드는데 왜 이렇게 다르게 구성되었을까요?

기본적으로 자율주행 차량은 더 많이 인지하면 인지할수록 성능을 안정화 시킬수 있기 때문에 루프에 센서를 다는 것이 더 안정적입니다. 차량 하단에 매립한 것보다 루프에 센서를 설치했을 경우 기존 앞 차량에 가려서 보이지 않는 것이 보이게 되므로 상황 예측을 좀 더 정확하게 할 수 있고, 주변 차량에 의해서 보이지 않는 건물 벽 등을 좀 더 명확하게 볼 수 있기 때문에 루프에 장착하는것이 더 확실한 성능을 이끌어 낼 수 있습니다. 루프에 장착한 라이다로 지면도 인식이 가능하고, 카메라 등으로 신호등도 좀 더 확실하게 볼 수 있습니다. 센서가 하단에 달렸을 때와는 달리 다른 차량 바퀴로부터 튀어나오는 빗물 등 오염 물질에 오염되지 않고, 비교적 깨끗한 상태로 센서를 유지할 수 있습니다.또 구글, 웨이모 같은 경우에는 차를 직접 제작하는 회사가 아니기 때문에 다른 완성차 업체와 협력해서 차를 개발해야 하므로 센서 및 제어기를 루프쪽에 올려서 일종의 패키지 형태로 제작해야 차의 형태나 모양에 종속 받지 않고, 기존에 개발되었던 것을 그대로 사용할 수 있다는 장점이 있습니다.

그럼 센서를 차량에 매립하는 APTIV나 현대자동차는 왜 그런 장점을 취하지 않는 걸까요? 생각보다 이유는 간단한 곳에 있습니다. 가장 큰 단점으로는 자율주행 센서로 인해서 차량의 외관이 많이 달라지기 때문입니다. 디자인 또한 고객을 이끌어 내는데 중요한 요소이기 때문에 자동차 제조사들은 자율주행 차량 때문에 디자인이 많이 바뀌는 것을 원치 않습니다. 또 루프에 설치하는 경우에는 공기저항으로 인해서 연비 또한 떨어지게 되고, 또한 안정성의 문제 등도 더 철저히 반영해야하기 때문에 기존의 많은 자동차 회사들은 차량에 매립하는 형태를 선호하고 있습니다. 대신 루프에 센서를 장착하는 것 만큼 인식 성능을 높이기 위해서 더 많은 연구 또한 같이 진행되고 있습니다. 저자들이 경영하고 있는 Autonomous a2z에서 경일대와 공동으로 제작한 차량에는 사이드미러에 라이다 센서를 장착하여 캠퍼스내 자율주행을 테스트하고 있습니다.

필자의 생각으로는 향후 자율주행 차량은 용도에 따라서 센서 설치 형태가 분화될 수도 있을 것 같습니다. 택시 같이 경광등이 있는 경우나 카쉐어링 등 개인고객의 사용 용도라기보다는 공공의 이용 목적이 있는 경우에는 루프에 달아도 문제가 없을 것으로 보이고, 개인 고객이 이용하는 차량의 경우에는 매립을 좀 더 선호하는 쪽으로 개발이 될 것 같습니다. 물론 센서의 발전이 외관과 성능을 모두 만족시키게 발전하면 또 다른 센서 구성으로 나올지도 모르는 일입니다.

그림 28-1. 웨이모 자율주행 차량

출처: http://thegear.co.kr/15368

그림 28-2. 우버 자율주행 차량

출처: http://www.hani.co.kr/arti/international/america/836889.html

그림 28-3. GM 자율주행 차량

출처: http://techm.kr/bbs/board.php?bo_table=article

그림 28-4. APTIV 자율주행 차량

출처: http://techm.kr/bbs/board.php?bo_table=article&wr_id=4275

그림 28-5. 현대자동차 넥쏘 자율주행 차량

출처: http://techm.kr/bbs/board.php?bo_table=article&wr_id=4275

그림 28-6. 경일대 자율주행 차량(사이드미러 센서 장착)

출처: 자체 사진 편집

29

스마트 시티란 무엇이며 자율주행 차량과 어떤 관계가 있나요?

그림 29-1. 스마트시티 구성도

출처: http://smec.yonsei.ac.kr/?page_id=37993&board_name=SMEC_column&mode=view&board_action=write&search_field=fn_title&order_by=fn_pid&order_type=desc&board_page=1&page_id=37993&list_type=list&board_pid=31

스마트시티는 워낙 광범위한 의미로 많은 미래기술 분야와 인문학적 요소가 포함이 되어 있습니다. 한마디로 정의 하자면 '인간들이 원하는 미래도시'라고 표현할 수 있을 것 같습니다. 정부에서는 2018년 7월 세종 스마트 시티를 발표하면서 '시민의 행복을 높이고 창조적 기회를 제공하는 지속가능한 플랫폼의 도시'라고 정의를 하였습니다. 이러한 인간들이 원하는 미래도시를 구성하기 위해서는 7대 혁신요소가 필요한데 그것은 '모빌리티', '헬스케어', '교육', '에너지와 환경', '거버넌스', '문화와 쇼핑', '일자리'입니다. 그 중에서 자율주행과 관련된 것은 당연히 '모빌리티'인데요, 여기에 모빌리티가 포함이 된 이유는 미래의 도시에서는 이동수단을 편리하게 하고 소요시간을 현저하게 줄여서 보다 여유있는 삶을 추구하고자 하는 것인데, 이를 위해 필수적으로 필요한 것이 바로 자율주행입니다. 스마트시티는 한국 외에도 중국, 유럽, 미국 등에서 동시에 검토 및 개발이 진행 되고 있습니다. 공통적으로 모든 도시에는 바로 친환경차 기반의 자율주행차량을 이동수단으로 정의하고 있습니다. 스마트시티 내에서는 자율주행차량만 운행이 가능하며 보다 완벽하고 안전한 자율주행을 위해서 차량의 자체적인 자율주행기술과 더불어 C-ITS(Cooperative-Intelligent Transport Systems)와 같은 차세대 교통인프라가 동시에 구축이 됩니다. 사실 기존까지 자율주행차량에 대한 기술발전은 IT회사와 자동차제조사를 주축으로 발전이 되어 왔었는데요, 이제는 차세대 통신망인 5G 시대가 열리면서 통신회사와 이를 활용한 실시간 교통정보시스템을 제외하고서는 자율주행차 시대를 논의하기가 어렵습니다. 실제 그동안 차량 자체적으로 완벽한 자율주행기술을 구현하기에는 기술적인 한계와 원가적인 한계를 뛰어넘기가 상당히 힘들었었는데, 이러한 통신기술을 활용하여 통신사와 정부 주도의 스마트 도로환경 인프라가 구축이 되면서 자율주행기술은 또 다른 원동력을 얻게 되었습니다.

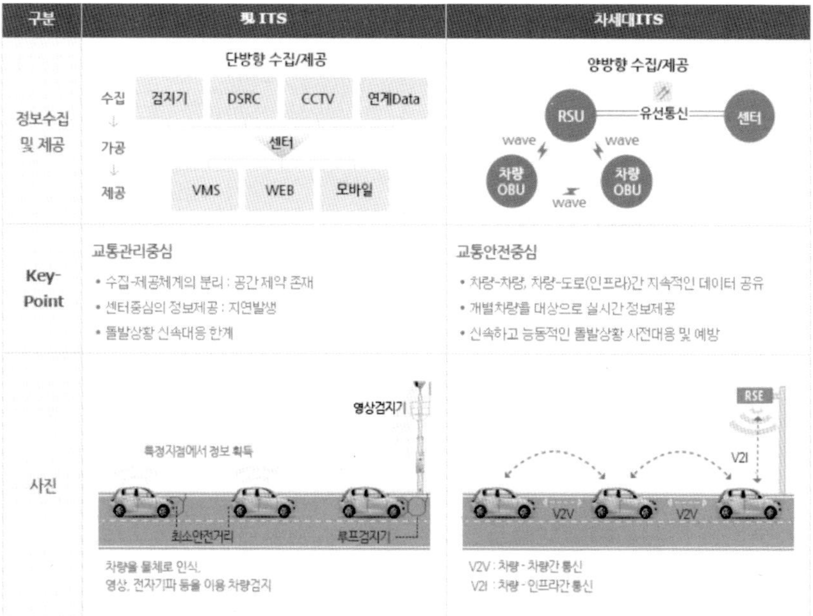

그림 29-2. ITS의 발달 모습

출처: https://www.mta.go.kr/web/contents/its_definition.do

예를 들어 필자가 2년 전에 라스베가스 도심자율주행 프로젝트를 진행을 하면서 가장 어려웠던 것 중의 하나가 바로 신호등 인식 기술이었습니다. 반면에 차세대 교통인프라 환경에서는 신호등의 색깔과 신호변경 예정시간까지 차량이 통신으로 받아 볼 수가 있어 굳이 신호등의 색깔을 인지하기 위한 센서와 제어기들이 필요가 없습니다. 아울러 차량간 통신(V2V)를 통해 선행차량의 급정거와 주행경로를 센서가 아닌 통신을 통해 예측할 수가 있어 차량개발자 입장에서는 보다 적은 센서로 보다 안전하고 확실한 자차의 주행경로를 계산해 낼 수가 있습니다. 또한 기상환경, 노면의 상태, 공사구간 위험경고, 긴급차량 접근경고 등 자율주행 시 필요한 다양한 정보를 제공받을 수가 있는데 이러한 교통인프라가 스마트시티에 구축이 된다면 스마트시티가 추구하는 완벽한 자율주행은 그렇게 멀지만은 않은 것 같습니다.

자율주행 A2Z 30가지 궁금증에 대한 교양적 답변

인 쇄 : 2019년 3월 22일 초판 1쇄
발 행 : 2019년 3월 29일 초판 1쇄
저 자 : 유병용 · 오영철 · 한지형 · 허명선

역자와의 협의하에 인지생략

발행인 : 송 준
발행처 : 홍릉과학출판사
주 소 : 서울시 강북구 인수봉로 50길 10
등 록 : 1976년 10월 21일 제5-66호

전 화 : 02-999-2274~5
팩 스 : 02-905-6729

http://www.hongpub.co.kr
hongpub@hongpub.co.kr

ISBN : 979-11-5600-665-7(93560)

정 가 : 14,000원